高等职业教育系列教材

光伏电站的建设与施工

主　编　王　涛　周宏强　静国梁

副主编　车业军　屈道宽　付　龙　房庆圆

参　编　岳耀雪　桑宁如　卢成飞　朱宁坦

　　　　陈　丹　张　娅　孟　宪　付亚婷

主　审　许　可

机械工业出版社

本书根据光伏电站设计、建设的真实的项目实例，详细介绍了光伏电站建设的流程。主要内容包括光伏电站的分类与建设原则、光伏电站的建设管理、基础工程的建设与施工、主要电气设备的安装、光伏电站的接入要求、安全文明施工与职业健康、光伏电站的安全防护与消防、光伏电站的调试与验收。另外，各章的“本章小结”包括知识要点、思维导图、思考与练习3部分内容，既方便了读者学习，又加深了读者对光伏电站建设与施工的认知。

本书可作为高等职业院校新能源类相关专业的教材，也可作为光伏电站设计、建设工程应用等方面的工程人员的参考用书。

本书配有电子课件，需要的教师可登录 www.cmpedu.com 免费注册，审核通过后下载，或联系编辑索取（微信：13261377872，电话：010-88379739）。

图书在版编目(CIP)数据

光伏电站的建设与施工/王涛,周宏强,静国梁主编. —北京:机械工业出版社,2020.3(2023.7重印)

高等职业教育系列教材

ISBN 978-7-111-65311-0

Ⅰ. ①光…　Ⅱ. ①王…　②周…　③静…　Ⅲ. ①光伏电站-工程施工-高等职业教育-教材　Ⅳ. ①TM615

中国版本图书馆CIP数据核字(2020)第061408号

机械工业出版社(北京市百万庄大街22号　邮政编码100037)
策划编辑:和庆娣　　责任编辑:和庆娣
责任校对:张艳霞　　责任印制:常天培
固安县铭成印刷有限公司印刷

2023年7月第1版·第5次印刷
184mm×260mm·12印张·296千字
标准书号:ISBN 978-7-111-65311-0
定价:49.00元

电话服务
客服电话:010-88361066
010-88379833
010-68326294

网络服务
机工官网:www.cmpbook.com
机工官博:weibo.com/cmp1952
金书网:www.golden-book.com
机工教育服务网:www.cmpedu.com

关于“十四五”职业教育
国家规划教材的出版说明

为贯彻落实《中共中央关于认真学习宣传贯彻党的二十大精神的决定》《习近平新时代中国特色社会主义思想进课程教材指南》《职业院校教材管理办法》等文件精神，机械工业出版社与教材编写团队一道，认真执行思政内容进教材、进课堂、进头脑要求，尊重教育规律，遵循学科特点，对教材内容进行了更新，着力落实以下要求：

1. 提升教材铸魂育人功能，培育、践行社会主义核心价值观，教育引导学生树立共产主义远大理想和中国特色社会主义共同理想，坚定“四个自信”，厚植爱国主义情怀，把爱国情、强国志、报国行自觉融入建设社会主义现代化强国、实现中华民族伟大复兴的奋斗之中。同时，弘扬中华优秀传统文化，深入开展宪法法治教育。

2. 注重科学思维方法训练和科学伦理教育，培养学生探索未知、追求真理、勇攀科学高峰的责任感和使命感；强化学生工程伦理教育，培养学生精益求精的大国工匠精神，激发学生科技报国的家国情怀和使命担当。加快构建中国特色哲学社会科学学科体系、学术体系、话语体系。帮助学生了解相关专业和行业领域的国家战略、法律法规和相关政策，引导学生深入社会实践、关注现实问题，培育学生经世济民、诚信服务、德法兼修的职业素养。

3. 教育引导学生深刻理解并自觉实践各行业的职业精神、职业规范，增强职业责任感，培养遵纪守法、爱岗敬业、无私奉献、诚实守信、公道办事、开拓创新的职业品格和行为习惯。

在此基础上，及时更新教材知识内容，体现产业发展的新技术、新工艺、新规范、新标准。加强教材数字化建设，丰富配套资源，形成可听、可视、可练、可互动的融媒体教材。

教材建设需要各方的共同努力，也欢迎相关教材使用院校的师生及时反馈意见和建议，我们将认真组织力量进行研究，在后续重印及再版时吸纳改进，不断推动高质量教材出版。

机械工业出版社

前　言

我国正面临着环境污染和大气环境恶化的挑战，从能源供给安全的角度考虑，国内开始大量利用可再生能源。在一系列政策支持下，我国的绿色低碳创新充满活力，绿色低碳产业朝气蓬勃。我国在光伏发电等绿色能源领域正加快推进能源革命，并制定了光伏发电中远期发展规划。根据规划，到2050年，我国的光伏装机将达到2000GW，年发电量约2600TW·h，占全国总发电量的26%。截至2023年一季度末，我国光伏发电装机容量达已到425GW，光伏发电量113.5TW·h时，全国光伏发电利用率98%。随着现代工艺技术的进步，光伏发电的转换效率逐年提高，发电成本大幅度下降，为光伏电力在国家电力结构中比例的提升提供了物质条件。

本书积极贯彻党的二十大精神和国家“双碳”发展目标要求，将习近平生态文明思想贯穿于新能源光伏发电领域人才培养体系，以培养具有“技能型、创造型”的光伏发电高端技术岗位专业技术人员和管理人员为目标，以地面光伏电站的设计施工为主要讲授内容，详细介绍了光伏电站的建设流程，层次分明，有利于高职高专层次学生的理论学习和实践技能掌握，既符合教育教学的规律，又满足了企业岗位培训需求。全书共分8章，主要内容包括光伏电站的分类与建设原则、光伏电站的建设管理、基础工程的建设与施工、主要电气设备的安装、光伏电站的接入要求、安全文明施工与职业健康、光伏电站的安全防护与消防、光伏电站的调试与验收。

本书由王涛、周宏强、静国梁主编，车业军、屈道宽、付龙、房庆圆为副主编。具体编写分工：第1章介由王涛、周宏强编写，第2章由车业军、屈道宽编写，第3~5章作由静国梁、桑宁如、付龙、岳耀雪、张娅编写，第6和第7章由卢成飞、房庆圆、朱宁坦编写，第8章由付亚婷、陈丹、孟宪编写，全书由许可统筹审稿。

本书在编写过程中得到了浙江瑞亚能源科技有限公司的大力支持，在此表示衷心的感谢！

编者力图使本书成为与工程实践相结合的高职高专教材，由于编者水平有限，书中难免有疏漏和不妥之处，欢迎广大读者批评指正！

编　者

目　　录

附录 A

附录 D

附录 E

第1章　光伏电站的分类与建设原则

【学习目标】

- 掌握离网光伏电站和并网光伏电站的构成与区别。
- 熟悉光伏电站的等级划分和并网接入电压等级。
- 了解光伏电站的一般选址原则。
- 能够对光伏电站发电量进行预估。

【学习任务指导】

光伏电站（photovoltaic power station）是指一种将太阳能转换为电能，与电网相连并向电网输送电力的发电系统。大型集中式光伏电站主要选择在太阳能资源丰富的沙漠、戈壁、荒地等非耕用土地上进行建设，其建设还需要考虑大气质量、风速、水文、地质、电力输送等因素的影响。一般光伏电站是依据其容量大小和并网电压等级进行规模划分的，光伏电站的容量是在充分考虑发电量需求的基础上来设计的。

1.1　光伏电站的分类

1.1.1　光伏电站的主要类型与构成

利用光伏阵列将太阳辐射能直接转换为电能的发电系统，统称为太阳能光伏发电系统。目前，太阳能光伏发电系统根据其运行模式是否与公共电网相连可以分为离网型光伏发电系统、并网型光伏发电系统以及混合型光伏发电系统。

离网型光伏发电系统不与公共电网相连，其产生的电能在自身系统内进行消纳而不馈入电网，该系统往往具备储能装置，以在没有光照的情况下供负载使用，产生的剩余电力只能做弃电处理，该系统为交流负载供电时需要安装逆变装置。离网型光伏发电系统广泛应用于偏远山区、无电区、海岛、通信基站等公共电网不容易到达的场所。

并网型光伏发电系统与公共电网相连，其产生的直流电通过逆变后转化为与电网电压同幅、同频、同相的交流电，并直接或再变压后馈入电网，该类系统往往不需要储能装置，其主要形式包括分布式光伏电站和集中式光伏电站。

混合型光伏发电系统兼具离网光伏发电系统和并网光伏发电系统的特性，把光伏阵列产生的电能馈入公共电网的同时亦可将部分电能储存于蓄电设备中，为负载供电时逆变设备可以快速地在公共电网和蓄电设备之间进行切换，该类系统主要为了保证敏感负载供电的可靠性以及作为公共电力不稳定地区的电力补充。图 1-1 为光伏发电系统的分类及应用方向。

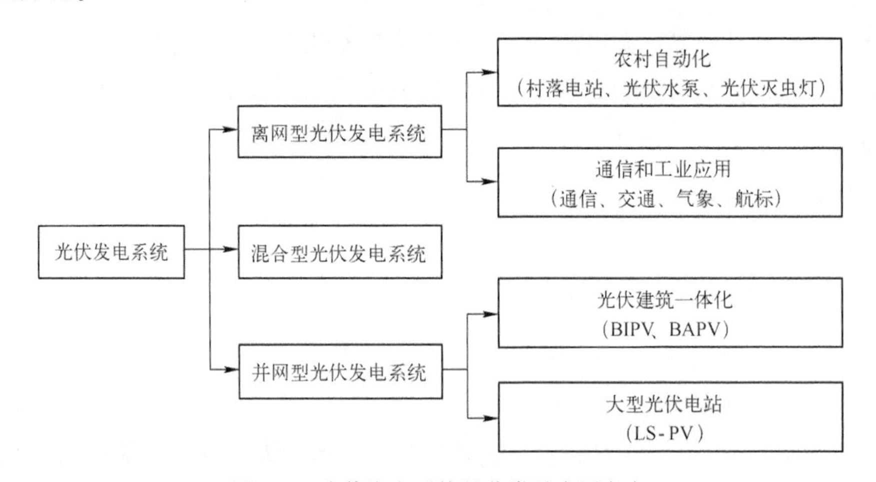

图 1-1 光伏发电系统的分类及应用方向

就光伏发电系统的规模和应用形式而言，有简单系统和复杂系统之分。例如最简单的光伏发电应用系统只包含太阳电池和负载，而复杂的地面光伏发电系统主要由光伏方阵、控制器、蓄电池、逆变器、汇流箱、低压柜、高压柜、防雷器、系统检测设备、升压并网设备等部分组成。典型光伏发电系统的组成如图 1-2 所示。

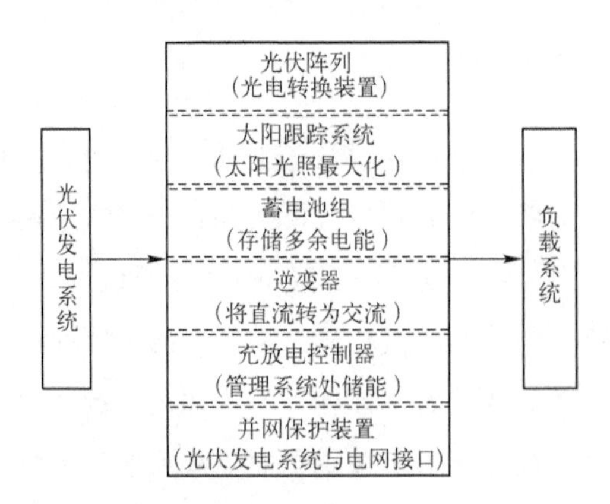

图 1-2 典型光伏发电系统的组成

1.1.2 光伏电站的规模

并网型光伏发电系统是将光伏系统产生的电能输送到公共电网上。此系统与公用电网通过标准接口相连接，类似一个小型的发电厂连接到国家电网的连接方式，从而成为电网的补充。并网型光伏发电系统已开始进入大规模商业化应用阶段，成为电力工业组成部分的重要发展方向。

并网型光伏发电系统可依据装机容量或电压等级，对光伏电站进行划分。根据光伏电站的装机容量，可分为小规模（100 kW 以下）、中规模（100 kW ~ 1 MW）、大规模（1~10 MW）和超大规模（10 MW 以上）。

根据光伏发电系统的规模，并网型光伏发电系统可以分为集中式和分布式两种类型。集中式并网型光伏发电系统一般会选址于太阳能资源较为稳定且丰富的荒漠沙地、山地、水面等构建大型光伏电站，接入高压输电系统进行远距离输电，充分利用太阳能辐射与用电负荷的正调峰作用，能够起到削峰的作用，集中式并网型并网系统的发电规模一般超过 1 MW，甚至达到几十、几百兆瓦。分布式并网型光伏发电系统选址较为灵活，主要基于建筑物表面，如光伏建筑一体化系统、光伏蔬菜大棚等，就近解决用户的用电问题，通过并网的形式实现供电差额的补偿与传送，一般接入电网的电压等级不高，电站规模可以从几千瓦到几百千瓦。并网型光伏发电系统的分类如图 1-3 所示。

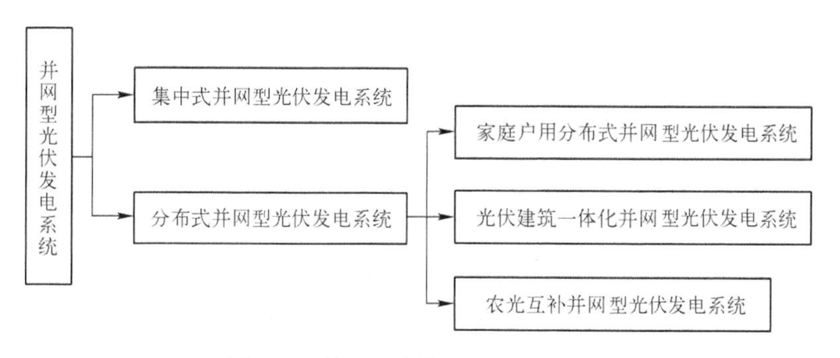

图 1-3 并网型光伏发电系统的分类

1.1.3 并网接入电压等级

还可以通过光伏电站的电压等级对光伏电站规模进行划分。综合考虑不同电压等级电网的输配电容量、电能质量等技术要求，根据光伏电站接入电网的电压等级，其可分为小型、中型、大型光伏电站。

小型光伏电站——接入电压等级为 0.4 kV 低压电网的光伏电站。

中型光伏电站——接入电压等级为 10~35 kV 电网的光伏电站。

大型光伏电站——接入电压等级为 66 kV 及以上电网的光伏电站。

小型光伏电站的装机容量一般不超过 200 kW（峰值）。

光伏电站接入公用电网一般有 3 种方式。

（1）大型光伏电站接入公用电网的方式

大型光伏电站是以专线接入电力系统的变电站，其接入公用电网的电压等级通常在 66 kV 以上。专线接入 66 kV 公共电网结构如图 1-4 所示。

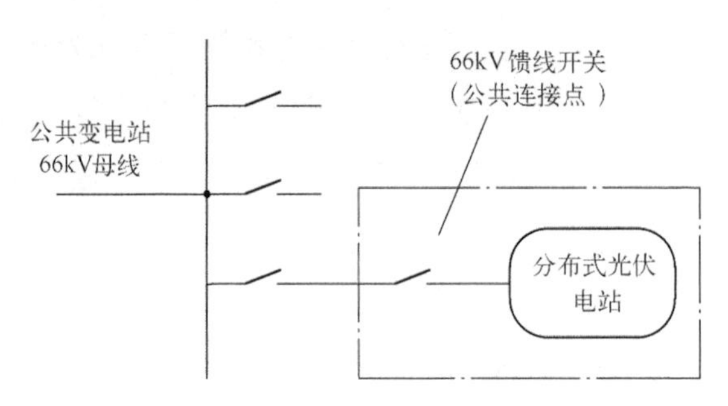

图 1-4　专线接入 66 kV 公共电网结构图

（2）中型光伏电站接入公用电网的方式

中型光伏电站以 T 接方式接入公用电网，要求光伏电站的容量应小于公用电网线路最大输送容量的 30%，其接入电网的技术要求如下：

1）公共连接点应安装易操作，具有明显开断点的开断设备。

2）公共连接点应具备失压跳闸及检有压合闸功能，失压跳闸定值宜整定为 30%U_N、10 s，检有压定值宜整定为 85%U_N。

T 接方式接入 10 kV 公共电网结构图如图 1-5 所示。

T 接方式接入 10 kV 公共电网技术要求如下：

1）10 kV 公网线路投入自动重合闸时，应调整重合闸时间或增加检无压重合功能。

2）公共连接点（用户进线开关）应安装易操作、可闭锁、具有明显开断点、带接地功能、可开断故障电流，具备失压跳闸及检有压合闸功能的开断设备。

3）失压跳闸定值宜整定为 30%U_N、10 s，检有压定值宜整定为 85%U_N。

4）配电自动化系统自动故障隔离功能，应适应分布式光伏接入，以确保定位准确，

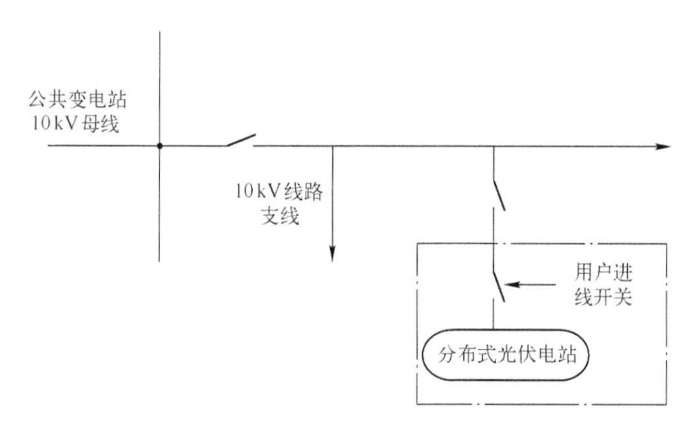

图 1-5　T 接方式接入 10 kV 公共电网结构图

隔离策略正确。

（3）小型光伏电站接入公用电网的方式

小型光伏电站的容量小于或等于上一级变压器供电区域内最大负荷的 25%，可直接接入 380V 配电电网。其典型接线方式如图 1-6 所示。其主要技术要求如下：

1）公共连接点（用户进线开关）应安装易操作、具有开关位置状态明显指示、带接地、可开断故障电流的开关设备，并具备失压跳闸及检有压合闸功能，失压跳闸动作定值宜整定为 30%U_N、10 s 动作。

2）公共电网恢复供电后，分布式光伏需经有压检定方可合闸，检有压定值宜整定为 85%U_N。

3）并网点应装设易于操作、有明显断开指示、具备过流保护功能的开关设备。

4）分布式光伏的电能计量装置应具备电流、电压、功率、电量等信息采集和三相电流不平衡监测功能，并能够实现数据存储和上传。

5）接入 380 V 电网的分布式光伏，应采用三相逆变器，在同一位置三相同时接入电网。

6）采用 220 V 分布式光伏接入方案时，应校核同一台区每相接入的光伏发电总容量，防止出现三相功率不平衡问题。

7）接入 220 V/380 V 分布式光伏并网验收时，应对公共连接点的谐波情况进行校核。

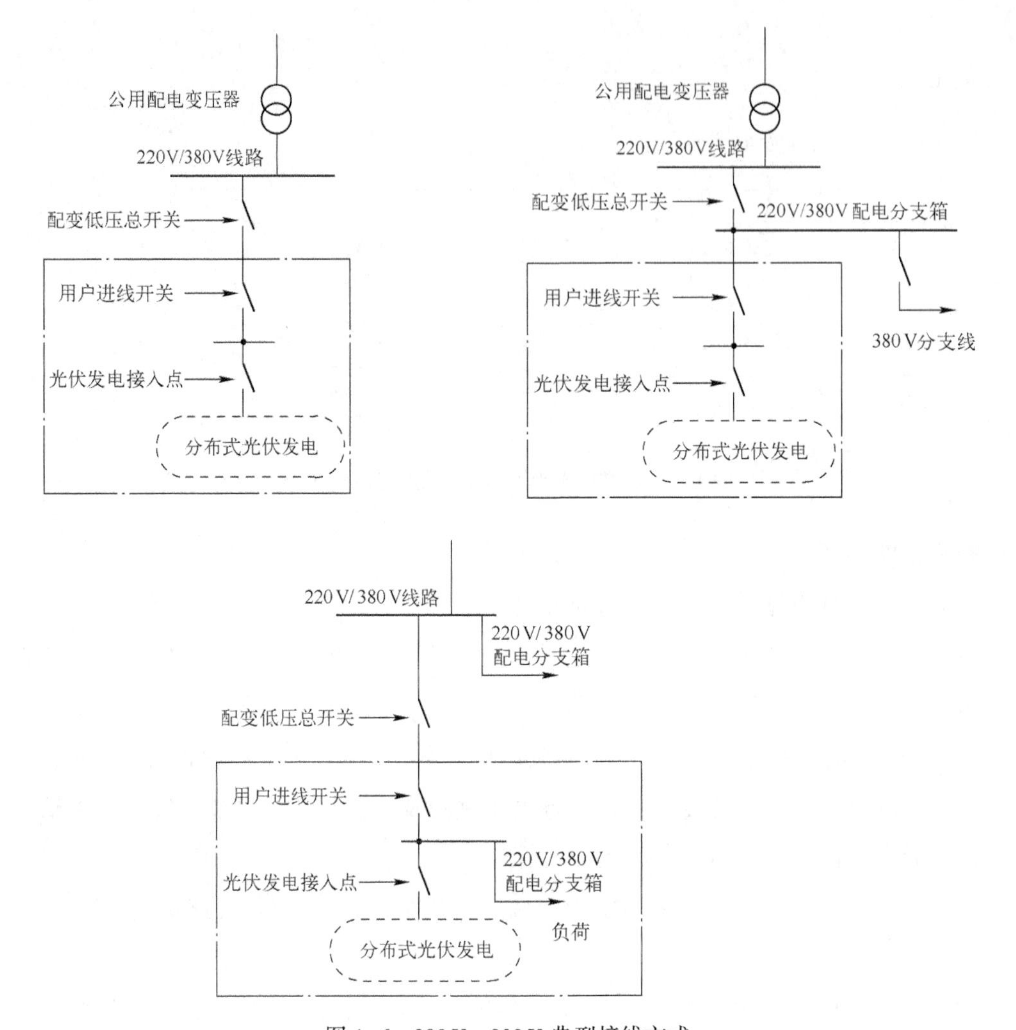

图 1-6　380 V、220 V 典型接线方式

1.2　光伏电站的建设原则

1.2.1　站址的选择

由于光伏发电项目对选址的要求相对较低，同时大规模光伏发电项目本身优先考虑对未利用地或荒地加以利用，所以不同于火电项目的选址工作，其通常需要对两个或两个以上拟选址地点进行比选，大型光伏发电项目选址工作很多情况下是针对某一特定地点进行可行性研究工作，这也是大型光伏发电项目与传统火电项目的主要区别。下面就光伏电站选址的工作内容、要求和方法进行详细介绍。

1. 光伏电站选址的工作内容

针对光伏发电项目的选址工作可分为两个阶段：项目预可行性研究阶段的选址工作和项目可行性研究阶段的选址工作。

光伏发电项目在预可行性研究阶段的选址工作主要是对具体的选址区域进行基本评估，确定是否存在地质灾害、明显的阳光遮挡、不可克服的工程障碍、土地使用价格超预算等导致选址不适合建设光伏电站的重大影响因素；针对选址的初步勘测结果规划装机容量、提出方案设想；对所提方案实施估算和进行经济性评价。因此，预可行性研究阶段需要对预选场地进行地形测绘和岩土初勘，但并不需要方案及进行图样设计。

可行性研究阶段的选址工作，可认为是对于可行性研究时的选址工作的论证，包括项目对环境的影响评价、水土保持方案、地质灾害论证、压覆矿产和文物情况的论证等选址咨询工作，该阶段需要对选址进行土地详勘，并对方案设想进行设计计算、提供相应图样，为项目实施方案进行投资预算和经济性评价。

项目选址获得审查批复通过，选址工作完成，项目就进入初步设计阶段。

2. 光伏电站选址需要考虑的因素

从功能和必要性考虑，光伏发电可以解决（或部分解决）无电地区的用电问题，也可以增加电网覆盖地区的环保电力的比例，提供清洁能源。

从投资经济性考虑，光伏发电项目的投资要考虑总投资成本、发电量收益、气候气象条件、运营维护成本等决定项目投资价值的因素。

从社会效益考虑，光伏发电可对荒地、戈壁等不适合进行工农业开发的地区进行综合利用和治理，要以合理可行的方式对光伏发电加以开发利用。

此外，从可行性考虑，光伏发电的利用还需考虑交通运输、地质、电网输送和施工等条件因素。

3. 光伏电站选址的要求

站址选择工作需要考虑的主要问题，可归纳为这样几个方面：光伏发电选址行政要求、日照资源等气候条件、地理和地质情况（包括建筑表面的情况）、水文条件、大气质量、交通运输条件、电力输送条件等。选址时，需要对上述各项条件进行调研和资料收集，这样既可判断选址的可行性，其资料收集工作也为光伏发电系统设计提供了输入条件，以保证系统的设计质量满足电力行业要求。

（1）光伏电站选址行政要求

选址的土地性质为可用于工业项目的土地，即非基本农田、非林业用地、非绿化用地、非其他项目规划用地等。在选址时需与当地土地局、规划局、招商局等相关部门确认上述土地性质的准确信息。另外，最终确定的选址需得到当地环保部门的环境评价认可。

（2）日照资源等气候条件

光伏发电选址优先考虑太阳能资源丰富的地区，选址地点应具有丰富的太阳能资源，需要对潜在的选址地进行历史气象资料的收集、统计和计算等工作。

应进行现场的太阳能辐射测量，或取得该地区历史上日照辐射气象数据，如果没有相关测量数据，则可通过调研走访或了解有同类数据的相近地区的情况作为参考，因为全球各个地区的日照条件至少都有描述性记录，此类记录都可作为日照资源的参考评估数据。一般情况下，如能取得一年以上的太阳能辐射资料，即可作为光伏发电项目选址的判断依据。参照国家标准 GB/T 31155—2014《太阳能资源等级总辐射》中太阳能资源评估的参考判据。以日峰值日照时数为指标，进行并网发电适宜程度评估，其等级详见表 1-1。

表 1-1　水平面日峰值日照时数等级

<table>
<tr><th>等　　级</th><th>太阳总辐射年辐照量等级 G</th><th>日峰值日照时数/h</th><th>并网发电适宜程度</th></tr>
<tr><td rowspan="2">1</td><td>$G>6300$ MJ/(m^2 · a)</td><td rowspan="2">大于 4.8</td><td rowspan="2">很适宜</td></tr>
<tr><td>$G>1750$ kW · h/(m^2 · a)</td></tr>
<tr><td rowspan="2">2</td><td>$5040 \leqslant G<6300$ MJ/(m^2 · a)</td><td rowspan="2">3.8~4.8</td><td rowspan="2">适宜</td></tr>
<tr><td>$1400 \leqslant G<1750$ kW/(m^2 · a)</td></tr>
<tr><td rowspan="2">3</td><td>$3780 \leqslant G<5040$ MJ/(m^2 · a)</td><td rowspan="2">2.9~3.8</td><td rowspan="2">较适宜</td></tr>
<tr><td>$1050 \leqslant G<1400$ kW · h/(m^2 · a)</td></tr>
<tr><td rowspan="2">4</td><td>$G<3780$ MJ/(m^2 · a)</td><td rowspan="2">小于 2.9</td><td rowspan="2">较差</td></tr>
<tr><td>$G<1050$ kW · h/(m^2 · a)</td></tr>
</table>

注：a 表示多少年的统计平均值，如 10 年、20 年等。

其次，需要考虑当地最大风速及常年主导风向。当地风力以及风向是影响光伏发电系统支架设计强度的主要因素，如当地常发灾害性强度风力，则不适合建设光伏发电系统。图 1-7 为光伏阵列遭到强风破坏的景象。

最后，还需考虑其他气象因素对太阳电池组件的影响，如冰雹、沙尘暴、大雪等灾害性天气，分析该灾害性天气对光伏并网电站的影响程度。

（3）地理和地质情况

光伏发电选址的地理和地质情况因素包括选址地形的朝向、坡度起伏程度、岩壁及沟壑等地表形态面积占可选址总面积的比例、地质灾害隐患、冬季冻土深度、一定深度地表的岩层结构以及土质的化学特性等。为保证选址的有效性，需对选址进行初步地质

图 1-7　选址对风力的考虑不足造成组件阵列破坏

勘测，包括以下几个方面：

1）地形因素影响光伏发电的组件方阵朝向、阴影遮挡等。

2）地表形态直接影响支架基础的施工方案，从而影响土建的施工难度和成本。

3）塌陷等潜在地质灾害直接影响光伏组件方阵的设备安全性，例如当地为已开发的地下浅层矿区，且经评估在 15 年内发生大面积塌陷概率超过 35%，则需要慎重考虑此地作为光伏发电选址的可行性。

4）我国北方地区存在冬季冻土的现象，冻土层的深度、上冻和解冻特点对组件支架基础施工方案所产生的直接影响。

5）地表土质对不同种类混凝土的腐蚀性特性影响。

6）地质情况直接影响支架基础形式、强度以及施工方法设计。

（4）水文条件

拟选地址的水文条件包括短时最大降雨量、积水深度、洪水水位、排水条件等。上述因素直接影响光伏系统的支架系统、支架基础的设计以及电气设备安装高度，如：

1）积水深度高，则组件以及其他电气设备的安装高度就要高。

2）洪水水位影响支架基础的安全。

3）排水条件差，则导致支架基础甚至金属支架长期浸水。

（5）大气质量

大气质量因素包括空气透明度、空气内悬浮尘埃的量及物理特性、盐雾等具有腐蚀性的因素。空气透明度因素有可能存在影响的情况有：当地日照辐射总量中因空气透明度低而导致反射光和散射光占日照辐射总量的比例较大，从而影响光伏发电组件种类的选择。如不考虑此因素，则易导致晶体硅和非晶硅组件选择的不合理，从而增加了投资与收益的比率，降低了投资的经济性，造成资源和设备浪费。

空气中尘埃量决定了该光伏发电系统在设计时是否需要考虑清洗用水，清洗频率。尘埃的物理特性影响组件在运行的过程中是否容易在表面沉积难以清洗的高黏度灰尘层，一旦形成此类灰尘层，组件接收到的光照总量将大幅度降低，从而影响今后系统长期的发电量。

空气中的盐雾对光伏发电系统有两种负面影响：第一，对金属支架系统有腐蚀性，容易减少支架的使用寿命，设计时需要充分考虑防腐措施；第二，盐雾极易导致组件表面沉积固体盐分，从而降低光对组件表面的穿透特性，影响发电量。盐雾在沿海地区常见，在此类地区进行光伏发电选址，需要考虑盐雾影响的应对措施。

（6）交通运输条件和电力输送条件等

如果是对地面光伏发电项目进行选址，则需要对施工阶段大型施工设备的进出场地、大型设备（如大功率逆变器、升压变压器等）的运输进行综合考虑。例如，虽然有的潜在选址地点的特点符合本小节上述描述的要求，但大型设备无法运输，必须要新修满足大型运输机械进出要求的便道才能进行施工，这时必须考虑修路的费用是否符合项目整体投资的经济可行性。同样，大规模地面光伏发电选址地点通常比较偏僻，因此必须考虑该光伏发电项目的电力输送条件，即电力送出和厂用电线路。如项目选址离可以用来接入电力系统的变电站较远，则对项目投资经济性产生负面影响的因素有：输电线路造价高和输电线路沿线的电量损失。而接入电力系统电压等级与上述因素直接相关，因此在选址工作期间，需要与当地电网公司（或供电公司）充分沟通，对列入选址备选地点周边可用于接入系统的变电站的容量、预留间隔、电压等级等进行详细了解，为将来进行项目的接入系统设计提供详细的输入条件。此外，光伏电站选址地的土地使用价格、地方政府对此类项目建设初投资或电价采取何种补贴政策等因素同样影响整个项目建设的投资经济性。

4. 光伏电站选址的方法

光伏电站建设之前，选址工作是关键而重要的一步。站址选择恰当与否直接影响光伏电站投产后的太阳能资源利用率、年发电量以及光伏电站的投资及运营成本。光伏电站站址选择工作涉及气象、环保、土地资源、安全生产及职业健康、地质、交通、电力等方面因素。

（1）资料分析法

搜集初选光伏电站站址的周围气象站历史观测数据，主要包括各月日照资源、海拔高度、风速及风向、平均风速及最大风速、相对湿度、年降雨量、气温及极端最低气温、最高气温、全年平均雷暴次数以及灾害性天气发生频率的统计结果等。

进行现场的太阳能辐射测量，主要测量站址的每日太阳能辐射量、日平均气温、日最高和最低气温、日平均风速及风向。该工作可以在选址地点其他因素确实符合选址条件时开展，并可通过对该地区的历史气象数据进行分析来代替。如无历史数据参考，可重新测量，对此类测量数据进行整理分析，这样可为电站的设计和投资经济性分析提供较为精准的数据支持。

（2）实际调研

以上方法主要针对条件较好区域，如果某些地区缺少气象站的历史观测数据，同时地形复杂，不适宜通过气象台观测数据来判断站址的可行性，可以通过地形地貌特征观察、到国土或规划部门进行历史资料查询、收集当地县志资料、当地居民调查、驻地测量等方法对站址的自然资源进行评估。

综上所述，需要了解的主要因素有：

1）自然条件的调查。太阳辐射量，地理位置，交通条件，水源等。

2）接入电网条件。与接入点的距离，接入点的出线间隔。

3）环境影响。有无遮光的障碍物，有无盐害、公害、自然灾害，冬季的积雪、结冰、雷击灾害状态，土地性质、状况，当地建材、物流、人力成本等，土地、税收、金融支持政策。

1.2.2 光伏阵列的布置

一般说来，决定光伏阵列发电量的是太阳电池方阵上所获得的辐射量，光伏组件上所获得的总辐射量等于直接辐射和散射辐射之和。直接辐射的变化与太阳高度角、大气透明系数、海拔高度和地理纬度有关。一般情况下，发电量的计算是在光伏阵列表面完全没有阴影的前提下得到的。据统计，在晴天，白天散射辐射量占总辐射量的10%~20%。而且，太阳能电池板不能被日光直射时，散射光也可发电。

光照强度对光伏组件输出电压的影响很小，在温度不变的情况下，当光照强度在400~1000 W/m^2 范围内变化时，光伏组件的开路电压基本保持恒定。因此，光伏组件的功率和光照强度基本成正比。

最佳倾角与当地的地理纬度有关，倾角不同，不同月份方阵面上接收到的太阳辐射差别很大。但在设计当中，也要考虑积雪滑落的倾角（斜率大于50%～60%）等方面的限制。

以山东济宁为例（纬度35.5°N），给定建设区域为水泥房顶，电池板性能参数参照260 W产品，电池板的规格为1.65 m×0.99 m。电池阵列模块安装方位角采用正南方向，安装方式为固定倾角，光伏子阵列由竖向放置2排组成，每排10个，共20个串联一组为一个阵列。可以通过辅助软件（如PVSyst）计算得到，当光伏阵列倾角约为31°时，光伏阵列年平均接收到的太阳辐射量最大。

确定光伏阵列的最佳倾角后，需确定光伏阵列间距。地理纬度越高，方阵之间的间距也就越大，对于有防积雪措施的方阵来说，其倾斜角度大，造成方阵的最大高度增大，为避免阴影的影响，相应地也会使方阵之间的距离加大，光伏电站占地面积也会增加。通常在排布方阵阵列时，应分别选取每个阵列的构造尺寸，将其高度调整到合适值，从而利用其高度差使方阵之间的距离达到最小。

阵列的影子长度因安装地的纬度、季节、时间不同而异，如果影子在冬至日上午9时到下午3时对阵列没有影响，即说明光伏阵列输出功率不受其影响。因此在地面大型光伏电站光伏阵列布置上，为了有效利用电池组件，减少土地的浪费，只需考虑在太阳高度角最低的冬至日前后排光伏阵列不造成遮挡，以此保证整个光伏阵列的发电量年最大化。

光伏阵列间距布置如图1-8所示。其中D为固定光伏阵列的支架系统安装的前后最小间距，Z为光伏阵列倾角。

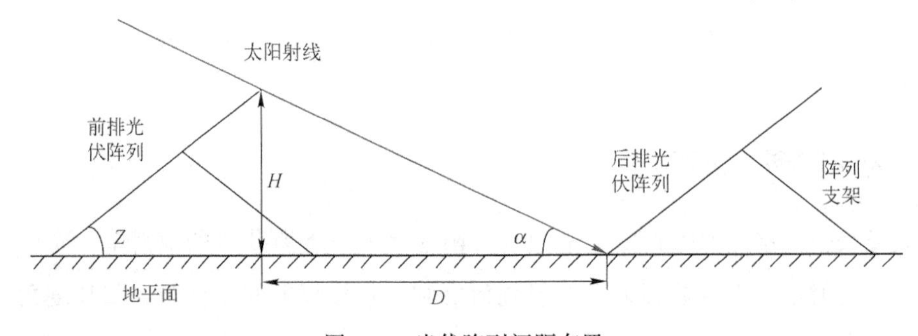

图1-8　光伏阵列间距布置

最小间距D的计算应在冬至日时进行，其简化后的公式为

$$D=\frac{0.707H}{\tan[\arcsin(0.648\cos\phi-0.399\sin\phi)]}$$

其中：ϕ为当地地理纬度（在北半球为正，南半球为负），H为前排阵列最高点与后排阵列最低点高度差。

另外光伏电站阵列实际建设还应考虑地形、地貌的因素，要与当地自然环境有机结合，本着土地节约的原则，规范设计。

1.2.3 光伏支架的选型

光伏支架作为太阳能太阳电池方阵的支撑结构，对系统的安全高效运行及成本控制有着重要的影响。太阳电池方阵有多种安装方式，工程上使用何种安装方式决定了项目的投资、收益以及后期的运行、维护。实际工程采用的安装方式主要包括：固定安装（固定、固定手动可调）、单轴跟踪（平轴、斜轴）安装、双轴跟踪安装。每种安装方式都有各自的特点。

1. 固定安装方式

该安装方式将太阳电池方阵按照一个固定的对地角度和固定的方向安装，如图 1-9 所示为固定安装光伏支架系统。固定手动可调安装方式是将全年分为几个时间段，根据季节的不同，通过人工调节太阳电池方阵倾角的光伏组件支架结构。

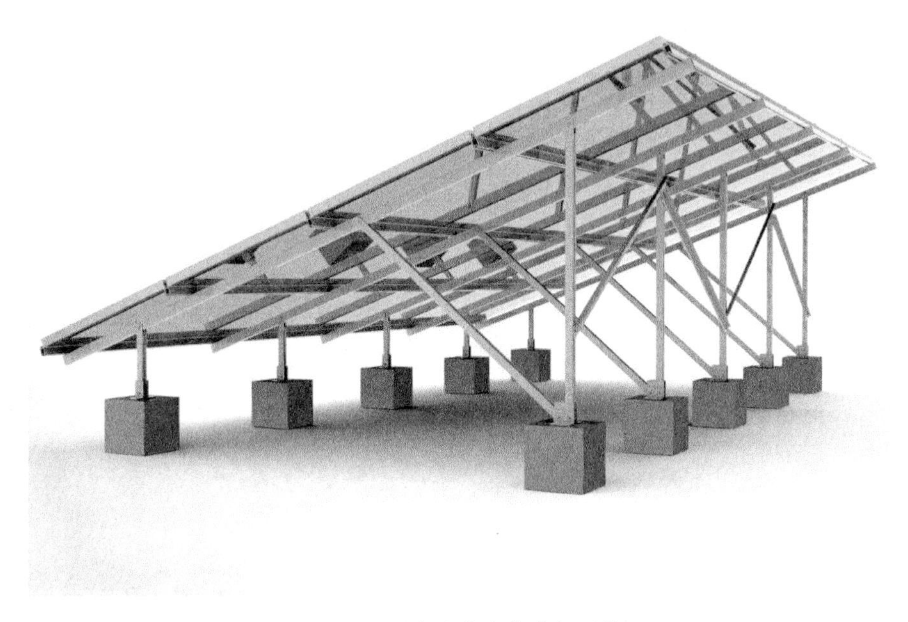

图 1-9 固定安装光伏支架系统

2. 单轴跟踪安装方式

该安装方式将太阳电池方阵安装在一个旋转轴上，运行时方阵只能跟踪太阳运行的方位角或者高度角中的一个方向。如图 1-10 所示为水平单轴跟踪系统，是一种仅跟踪太阳高度角的单轴跟踪系统。其旋转轴可以水平南北向放置、水平东西向放置、地平面垂直放置或按所在地纬度角倾斜布置等。

图 1-10　水平单轴跟踪系统

3. 双轴跟踪安装方式

该安装方式中光伏组件沿着两个旋转轴运动，能同时跟踪太阳的方位角与高度角，理论上可完全跟踪太阳的运行轨迹以实现垂直入射，从而实现太阳辐射的最大化接收，如图 1-11 所示为水平双轴跟踪系统。

图 1-11　水平双轴跟踪系统

对于自动跟踪式系统，其倾斜面上能最大限度地接收太阳总辐射量，从而增加了发电量。经初步计算，若采用水平单轴跟踪方式，系统理论发电量（指跟踪系统自日出开始至日落结束均没有任何遮挡的理想情况下）可提高 15%~20%；若采用斜单轴跟踪方式，系统理论发电量可提高 25%~30%；若采用双轴跟踪方式，系统理论发电量可提高 30%~35%。然而系统实际工作效率往往小于理论值，其原因有很多，例如：太阳电池组件间的相互投射阴影，跟踪支架运行难于同步等。双轴跟踪方式的投资远高于单轴系统，并且占地面积较大。

根据已建工程调研数据，安装晶硅类电池组件，若采用水平单轴跟踪方式，系统实际发电量可提高约 15%；若采用斜单轴跟踪方式，系统实际发电量可提高约 20%。在此条件下，以固定安装式为基准，对 1MWp 光伏阵列采用 3 种运行方式的比较，详见表 1-2。

表 1-2　光伏阵列不同安装方式的性能比较

名　　称	固定安装方式	固定手动可调安装方式	水平单轴跟踪安装方式	斜单轴跟踪安装方式	双轴跟踪安装方式
发电量/(100%)	100	105	115	120	125
占地面积/hm^2	2.3	2.4	3.2	4.8	5.0
直接投资增加百分比/(100%)	100	105	110	112	120
运行维护	工作量小	工作量少	有旋转机构，工作量大	有旋转机构，工作量大	有旋转机构，工作量大
支撑点	多点支撑	多点支撑	多点支撑	多点支撑	单点支撑
抗风能力	迎风面积固定	迎风面积固定	风大时可调平	风大时可调平	风大时可调平

注：$1\ hm^2 = 10^4\ m^2$。

由表 1-2 可知，固定安装方式与自动跟踪安装方式各有优缺点：固定安装方式占地面积小、初始投资较低且支架系统基本免维护；自动跟踪安装方式占地面积大、初始投资较高、需要一定的维护，但发电量较倾角固定式相比有较大提高，如不考虑后期维护工作增加的成本，采用自动跟踪安装方式运行的光伏电站单位发电成本将有所降低。若自动跟踪安装方式支架造价能进一步降低，则其成本的优势将更加明显；同时，若能较好解决阵列同步性问题及减少维护工作量，则自动跟踪安装方式系统相较固定安装方式系统将更有竞争力，特别是在高辐照度地区可以产生更高的投资回报率。使用跟踪系统用户需承担装置运行风险、后期维修成本等。由于充裕的大型国内钢铁制造商及劳动力成本因素，国内市场中集中式和分布式光伏电站多采用的是固定安装方式。

1.2.4 发电量的估算与设计

光伏电站在进行前期可行性研究的过程中，需要对拟建光伏电站的发电量进行理论上的预测，以此来计算投资收益率，进而决定项目是否值得建设。一般而言，每个有经验的光伏电站设计者心里都有一个简便的估算方法，可以得出和计算值相差不多的数据，下面总结并列举光伏电站的平均发电量计算/估算的方法，通过案例分析各方法的差异，以便光伏电站设计者选择最合适的计算方法。

1. 国家规范规定的计算方法

根据 GB 50797—2012《光伏发电站设计规范》第 6.6 条——发电量计算中规定：

光伏发电站发电量预测应根据站址所在地的太阳能资源情况，并考虑光伏发电站系统设计、光伏方阵布置和环境条件等各种因素后计算确定。光伏发电站年平均发电量 E_p 计算如下

$$E_p = H_A P_{AZ} K$$

式中 H_A——水平面太阳能年总辐照量，单位为 $kW \cdot h/m^2$；

E_p——上网发电量，单位为 $kW \cdot h$；

P_{AZ}——系统安装容量，单位为 kW；

K——综合效率系数。

其中综合效率系数 K 是考虑了各种因素影响后的修正系数，其中包括：

1）光伏组件类型修正系数。

2）光伏方阵的倾角、方位角修正系数。

3）光伏发电系统可用率。

4）光照利用率。

5）逆变器效率。

6）集电线路、升压变压器损耗。

7）光伏组件表面污染修正系数。

8）光伏组件转换效率修正系数。

上述计算方法是最全面一种，但是对于综合效率系数的把握，对非资深光伏从业人员来讲，是一个考验，总的来讲，K 的取值为 75%~85%，应视情况而定。

2. 组件面积——辐射量计算方法

光伏发电站上网电量 E_p 计算如下

$$E_p = H_A S K_1 K_2$$

式中　H_A——倾斜面太阳能总辐照量，单位为 kW · h/m²；

S——组件面积总和，单位为 m²；

K_1——组件转换效率；

K_2——系统综合效率。

其中综合效率系数 K_2是考虑了各种因素影响后的修正系数，其中包括：

1）厂用电、线损等能量折减。交直流配电房和输电线路损失约占总发电量的 3%，相应折减修正系数取为 97%。

2）逆变器折减。逆变器效率为 95%～98%。

3）工作温度损耗折减。光伏电池的效率会随着其工作时的温度变化而变化。当它们的温度升高时，光伏组件发电效率会呈降低趋势。一般而言，工作温度损耗平均值在 2.5%左右。

4）其他因素折减。除上述各因素外，影响光伏电站发电量的还包括不可利用的太阳辐射损失、最大功率点跟踪精度影响折减、电网吸纳等其他不确定因素，相应的折减修正系数取为 95%。

上述计算方法是第一种方法的变化公式，适用于倾角安装的项目，只要得到倾斜面辐照度（或根据水平辐照度进行换算，倾斜面辐照度＝水平面辐照度/cosα），就可以计算出较准确的数据。

3. 标准日照小时数——安装容量计算方法

光伏发电站上网电量 E_p 计算如下

$$E_p = HPK_1$$

式中　P——系统安装容量，单位为 kW；

H——当地标准日照小时数，单位为 h；

K_1——系统综合效率，取值为 75%～85%。

上述计算方法也是第一种方法的变化公式，它简单方便，可以计算每日平均发电量，非常实用。

4. 经验系数法

光伏发电站年均发电量 E_p 计算如下

$$E_p = PK_1$$

式中　P——系统安装容量，单位为 kW；

K_1——经验系数，根据当地日照情况取值，一般取值为 0.9～1.8。

这种计算方法是根据当地光伏项目实际运营经验总结而来，是估算年均发电量最快捷的方法。

案例分析

以山东省某地的 1 MWp 屋顶项目为例。项目使用 250 W 组件 4000 块，组件尺寸为 1640 mm×992 mm，采用 10 kV 电压等级并网。当地水平太阳辐射量为 5199 MJ/m^2，系统效率按 80%计算，上述 4 种计算方法结果对比详见表 1-3。

表 1-3　四种计算方法结果对比表

算　法	计算过程	估算结果/kW·h
标准法	1000×5199×0.28×0.8	1164576
组件面积法	1.64×0.992×4000×5199×0.28×0.154×0.8	1167089
标准日照小时法	5199×0.28×1000×0.8	1164576
经验系数法	1000000×1.15	1150000

注：组件效率=组件标称功率/组件面积×1000 W/m^2×100%

通过上述计算可以发现，标准法和标准日照小时法的得数是相同的，因为标准日照小时数的概念是这样定义的：辐照总量折算成在 1000 W/m^2 的辐照下折算出的小时数，其在数值上等于单位转换后的辐照量值。一般情况下，现场估算都是采用经验系数法；作为电站建设估算时，采用其他 3 种方法都可以。

1.3　本章小结

1.3.1　知识要点

序　号	知识要点	收获与体会
1	并网型光伏电站和离网型光伏电站的异同	
2	光伏电站依照容量大小进行的规模划分	
3	常见的输电线路电压等级和光伏电站接入等级	
4	集中式光伏电站和分布式电站接入电网的典型方式	
5	光伏电站建站选址的基本内容、需要考虑的因素	
6	光伏电站选址的基本要求	
7	光伏阵列布置需要考虑到的相关太阳角度	
8	根据地理纬度优化安装角度的方法	
9	固定式光伏支架系统和跟踪式光伏支架系统对发电量的影响	
10	固定式光伏支架系统和跟踪式光伏支架系统的经济效益分析	
11	光伏电站发电量的估算方法	

1.3.2 思维导图

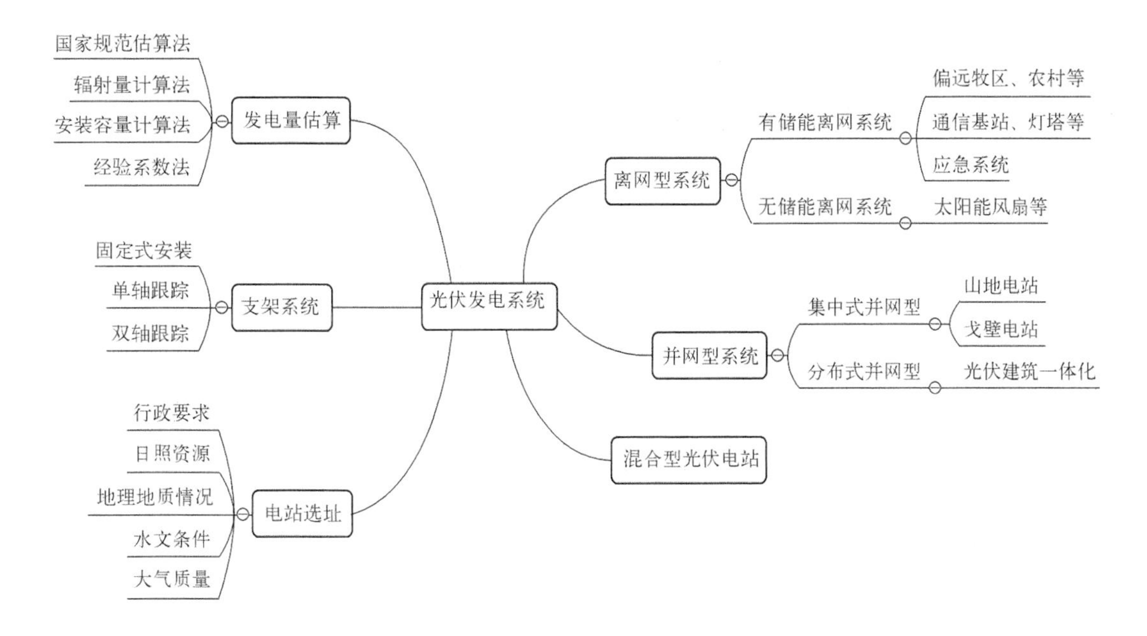

1.3.3 思考与练习

1）简述并网型光伏电站和离网型光伏电站的异同。

2）光伏电站依照容量大小进行规模划分的标准和依据是什么？

3）常见的输电线路电压等级和光伏电站接入电压等级有哪些？

4）集中式光伏电站和分布式电站接入电网的典型方式有哪些？是如何实现的？

5）光伏电站建站选址的基本内容是什么？需要考虑哪些因素？

6）光伏电站选址的基本要求是什么？

7）光伏阵列布置需要考虑到的相关太阳角度有哪些？其定义是什么？

8）固定式光伏支架系统和跟踪式光伏支架系统的优缺点有哪些？

9）光伏电站发电量的估算方法有哪些？如何对某一光伏电站进行发电量估算？

第 2 章　光伏电站的建设管理

【学习目标】

- ➢ 熟悉光伏电站建设管理的内容及要点。
- ➢ 熟悉光伏电站建设组织管理的内容。
- ➢ 熟悉光伏电站的现场管理内容及要点。
- ➢ 能够编制或分析光伏电站建设可行性报告。
- ➢ 能够进行光伏电站建设管理文件的整理。

【学习任务描述】

光伏电站工程管理属于一项综合性工程，其能够全面反映出整个项目实施过程的进展情况。对光伏电站工程建设施工过程进行有效管理，能够有效地提高光伏电站工程的建设质量。光伏电站的建设管理指的是在保证安装质量与时效的条件下，尽可能降低物力、人力、财力等方面的消耗，在整个光伏电站工程建设项目中，要重视项目的设计管理，构建完善的进度保障体系，有效进行光伏电站的安全施工，保障工程的施工质量。对工程施工技术进行经济分析，根据光伏电站工程的实际情况制订施工技术方案，要保证施工技术水平，确保光伏电站工程使用的设备材料符合规范要求，根据光伏电站工程的实际情况选择合适的施工工艺，提高施工人员的施工技术水平，保证工程建设的工期、质量、安全和投资效益。光伏电站建设项目管理是管理者必须具备的一项工作技能。

2.1　项目管理

2.1.1　项目管理的意义

光伏电站建设的工程项目管理是指运用科学的理念、程序和方法，采用先进的管理技术和现代化管理手段，对工程项目投资建设进行策划、组织、协调和控制的一系列活动。其主要任务是通过选择合适的管理方式，构建科学的管理体系，进行规范有序的管理，力求项目决策和实施各阶段、各环节的工作协调、顺畅、高效，以达到工程项目的投资建设目标，实现项目建设投资省、质量优、效果好。

光伏电站建设工程项目的管理是一个复杂的过程，施工企业应以工程项目管理为中心，提高工程质量，保证工程进度，降低工程成本，提高经济效益。施工企业应树立成本、进度、质量的系统管理观念，强调整体与全局，对企业成本、进度、质量管理的对象、内容、方法进行全方位的分析研究，实现管理的创新，在保证安全、质量、工期的情况下，严格控制工程成本。

1. 项目管理的重要性

（1）确保工程项目如期实现

工程项目的工期往往是整个建设或投资项目总周期的一个重要组成部分。如果能使工程项目如期或提前完成，使其控制在管理目标之内，将对整个建设投资项目如期开业并投入使用起到决定性的作用。

（2）确保工程项目投资处于受控状态

工程项目投资到位是工程项目实施的关键。从管理的意义上来讲，假如把企业看成一个人，那么资金就像是企业的血液。如果一个工程项目的资金到位，投资处于受控状态，就等于一个人的血液畅通了，项目如生命就有了活力，工程项目的实现就有了保障。

（3）确保工程项目质量的实现

工程质量是衡量工程项目能否实现其功能的一个重要标志。对于一个工程建设项目而言，在工程的招标中或建设工程承包合同中就已明确规定了工程项目的质量标准。工程项目的质量管理是工程项目管理的一个重要工作。一个项目的工程质量达标了，从工程成本的角度上讲，其质量成本也就实现了。

2. 项目管理的内容

项目参数包括项目范围、质量、成本、时间、资源等。项目管理是项目的管理者，在有限的资源约束下，运用系统的观点、方法和理论，对所涉及的全部工作进行有效管理；项目管理是把各种系统、方法和人员结合在一起，在规定的时间、预算和质量目标范围内完成项目的各项工作，即对从项目的投资决策开始到项目结束的全过程进行计划、组织、指挥、协调、控制和评价，以实现项目的既定目标。

项目建设的管理手段包括施工项目管理规划，如项目管理规划大纲、项目管理实施规划，合同管理，信息管理，施工项目现场管理，组织协调、竣工验收、质量保修、考核评价、售后服务、定期回访等。

项目通常具有一次性、目的性、复杂性、独特性等基本特征。项目的一次性是与其他重复性运行或操作工作的最大区别，项目有明确的起点和终点，没有可以完全照搬的先例，项目的完成过程不具有可复制性。项目开发是为了实现一个或一组特定目标，如某个光伏电站建设施工项目投资方与施工方约定3个月内完成，这3个月的约定是时间目标，电站项目建设投产则是成果性目标，合同约定以一定的投资资金进行建设，该时间目标可视为约束性目标，电站建设验收以相关技术规范、标准或双方约定的技术条件为基础，可视为质量目标，这就是项目的目的性。复杂性是指从项目的立项到建成、运行，涉及各种不同的人员、系统、资源，而且相互之间既相互独立又相互关联。独特性是指每个项目都是独特的，或者其提供的产品或服务有自身的特点；或者其提供的产品或服务虽与其他项目类似，但其时间和地点、内外部环境、自然及社会条件有别于其他项目，因此每一个项目的实施过程都是独一无二的。

3. 项目管理的一般原则

光电电站项目类似一般的工程建设项目，项目管理同样是施工单位履行施工合同的过程，也是施工单位实现施工项目最终目标的过程。项目经理部在制定项目管理实施计划时，应当认真研究和领会项目监理部编制的《监理规划》和《监理实施细则》。根据施工合同及相关法律、法规、规范、标准、规程等，分析和判断《监理规划》《监理实施细则》中的有关要求正确与否，积极配合监理工作。

项目经理部应建立和健全以项目经理责任制为核心的各项管理制度，如项目经理聘任制度、项目分包管理制度、材料及设备的采购制度、项目成本核算制度、项目管理实施规划认证及审批制度、项目管理考核评价制度等。应当利用这些合理有效的管理制度，来保证施工项目管理按照既定的程序运行，从而推进项目管理向着合理有序的方向发展。在施工项目管理的过程中，还应充分体现PDCA循环的原理，即计划（Plan）、实施（Do）、检查（Check）、处理（Action）这一不断循环和持续改进的过程。从而实现不断地发现问题、解决问题并改正错误、反馈信息、总结经验教训、形成管理的持续改进。

2.1.2 光伏电站建设流程

光伏电站项目建设流程根据施工选址不同而略有不同，往往也会根据各地区政策不同而有所变化。一般说来，光伏电站项目从立项到运营生产，总体上可分为项目申报与立项、技术可行性设计、项目建设与施工、电站生产运营4个阶段。提出开发设想，即制定《项目建议书》，从宏观上阐明项目建设的必要性，一般由所属省发改委等相关部门对地面光伏电站项目进行审批；《项目建议书》获得立项后进入技术设计阶段，通过对项目有关的工程、技术、经济等方面条件和情况进行调查、研究、分析，对可能的建设方案和技术方案进行比较、论证、预测建设后的效益等，并在此基础上综合研究建设项目的技术先进性、综合效益的合理性及建设的可行性；初步设计文件经有关部门批准后可进行施工图设计，同时进行施工招标，确定施工单位，签订施工合同，施工单位应按照拟定的施工组织设计方案和施工进度要求，保质、保量并综合协调各分包项目有序组织施工；当工程主体及配套相继完工，应根据电站设计参数目标及时进行运行和调试，反复调试后使之达到设计要求，然后经主管部门、设计部门、质量监督部门、消防、环卫等有关单位联合组织检查，经验收合格后交付使用，并对建设项目进行决算，归档相关资料，进行项目评价。光伏电站的建设流程如图 2-1 所示。

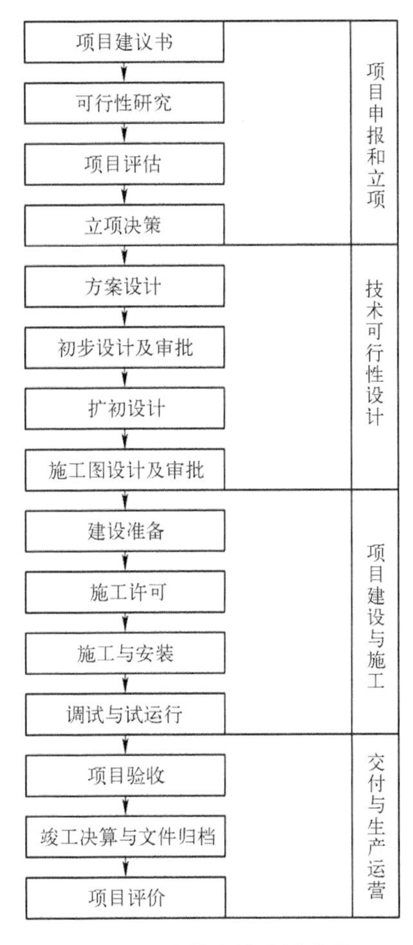

图 2-1　光伏电站建设流程

2.1.3 项目建议书与可行性方案制定

1. 项目建议书

光伏电站项目建议书是光伏电站项目立项申请文件，其内容一般包括项目的规模、选址、物料供应、投资、效益、运营和风险等。地面光伏电站项目一般属于涉及面广、投资量大、环境依赖性高的项目，项目建议书需要论证项目建设的必要性和可能性。项目建议书是项目建设初始阶段基本情况的汇总，其把项目投资的设想变为概略的投资建议，是主管部门审批项目的依据，也是制作可行性研究报告的依据，只有在项目建议书获得批准后，才可以进行可行性设计和施工建设。

（1）项目建议书的特点

1）项目建议书又称立项申请书，是项目单位就新建、扩建事项向项目管理部门申报的书面申请材料。项目建议书的主要作用是决策者通过对项目建议书中的内容进行综合评估后，做出对项目批准与否的决定，因此项目的目标或目的一定要明确，以便于审批部门进行评判或得到一个肯定的结论。

2）项目建议书只是初步选择项目，以决定是否需要进行下一步工作，其主要用于考察建议的必要性和可行性，因此，项目建议书不直接给出建设设计或实施方案。

3）项目建议书制定过程不能偏离国家或地区的政策法规，其依据是国家对光伏发电产业的长远规划和相关政策，拟建项目相关的自然资源条件和区域电力结构状况，项目主管部门的相关批文等。

4）项目建议书要求简明扼要，要偏重于对项目的定性描述。

5）项目建议书的投资估算一般根据国内不同地区类似已建工程进行测算或对比推算，允许有较大误差，误差率可以在20%以上。

（2）编制项目建议书的准备材料

1）项目初步设想方案，包括总投资、电站规模、年发电量、预计销售价格等。

2）选址说明，包括项目位置、用地面积、平面布置图、当地土地价格等。

3）技术及来源、设计专利标准以及对生产环境有特殊要求的说明（比如防尘、减震、噪声、水源及土壤污染等）。

4）投资企业近三年审计报告，包含财务指标、账款应收预付的周转次数等。

5）项目拟新增的人数规模，拟设置的部门和工资水平，估计项目工资总额。

6）提供公司近三年营业费用、管理费用等扣除工资后的大致数值及占收入的比例。

7）公司享受的增值税、所得税税率，其他补贴及优惠事项。

8）项目设备选型表，设备名称及型号、来源、价格，其中进口的设备要注明。

9）其他资料及信息根据工作进展需要随时沟通。

（3）项目建议书的编写内容

1）投资建设的必要性和依据：

① 要阐明拟建项目的意义和背景、电站选址，地区规划资料和当地能源结构，说明项目建设的必要性。

② 对改扩建项目要说明企业现有的情况。

2）电站规模和选址：

① 确定电站的规模和入网电压等级，一次建成规模和分期建设的设想，以及对拟建项目规模经济合理性的评价。

② 电站选址论证，分析项目拟建地点的自然条件和社会条件，论证建设地点是否符合地区布局的要求。

3）关于设备、交通运输以及其他建设条件和协作关系的初步分析：

① 拟利用的设备供应的可行性和可靠性。

② 主要协作条件情况、项目选址地点水电及其他公用设施、地方材料的供应情况分析。

③ 对于技术引进和设备进口项目应说明主要原材料、电力、交通运输、协作配套等方面的要求，以及已具备的条件和资源落实情况。

4）关于投资估算和资金筹措的说明：

建设投资方应按照掌握的数据进行估算，也可以按拟建电站规模或类似建设项目进行估算或匡算。投资估算中应包括建设期利息、投资方向调节税并考虑一定时期内的价格上涨等影响因素，流动资金可参考同类企业的条件及利率，说明偿还方式、测算偿还能力。对于技术引进和设备进口项目应估算项目的外汇总用汇额及其用途，外汇的资金来源与偿还方式，以及国内费用的估算和来源。

5）工程的环境保护和水土保持：

① 说明国家有关环保、水土保持的法律法规和当地政府的相关规章制度。

② 说明工程主体有可能对环境产生的影响（如场地平整、取弃土场、砂石料场等）以及复原方法。

③ 结合项目的具体情况，组织制定相关施工方式，制定和实现环境保护和水土保持的目标。

6）关于项目建设进度的安排：

① 建设前期应包括涉外项目的询价、考察、谈判、设计等工作。

② 项目建设需要的时间和项目验收运营时间。

7）关于经济效益和社会效益的初步估算：

① 计算项目全部投资的内部收益率、贷款偿还期等指标以及其他必要的指标，进行盈利能力、偿还能力初步分析。

② 项目带动地方就业、拉动地方经济以及对当地电力结构影响等社会效益和社会影响的初步分析。

8）有关的初步结论和建议。

（4）光伏电站项目建议书提纲案例

光伏电站项目建议书提纲案例详见表 2-1。

表 2-1　某 20 MW 地面光伏电站项目建议书提纲

某光伏电站项目建议书提纲
1. 项目概况
1.1 项目概况及编制依据
1.2 自然地理环境
2. 项目建设必要性
2.1 缓解能源、电力及环境压力
2.2 符合当地和国家宏观政策
2.3 充分利用当地资源
2.4 促进当地经济的可持续发展
3. 项目规模与任务
4. 光伏电站的选址与布置
4.1 选址原则与场址描述
4.2 场址选择综合性评价
5. 太阳能资源分析
5.1 我国太阳能资源条件
5.2 ××地太阳能资源条件及综合评价
6. 并网光伏发电系统设计与发电量估算
6.1 发电主设备选型
6.2 光伏方阵安装设计
6.3 系统年发电量估算
7. 电气部分
7.1 一次电气
7.2 二次电气

（续）

8. 电站总平面图及土建平面设计 8.1 电站总平面图布置 8.2 土建工程设计 9. 施工组织设计 9.1 施工条件 9.2 施工总布置 9.3 主体工程施工 9.4 施工总进度 9.5 施工管理组织架构 9.6 附表 10. 环境保护与水土保持 10.1 设计依据及目标 10.2 环境影响和评价 10.3 结论 11. 投资估算及经济分析 11.1 投资估算范围 11.2 投资估算依据 11.3 投资估算办法及说明 11.4 建设期利息 11.5 项目总投资 12. 财务效益初步分析 12.1 工程进度设想 12.2 财务评价依据 12.3 电能销售税金及附加 12.4 所得税 12.5 清偿能力分析 12.6 销售收入 12.7 经济评价 12.8 结论 13. 项目建设中存在的问题与建议 13.1 发挥减排效益，申请 CDM（清洁发展机制） 13.2 建议 14. 附件

2. 项目可行性研究报告

“项目可行性研究报告”是对拟建光伏电站项目最终决策研究的文件，它是项目决策的主要依据。在投资抉择前，通过对拟建项目建设的必要性、条件可行性、利益的可能性等宏观性的初步分析和轮廓设想，对拟建光伏电站项目有关的自然、社会、经济、技术等进行调研、分析、比较以及对其建成后的社会经济效益的预测。为了保证项目顺利通过发改委批准并完成立项备案，可行性研究报告的编制应当请有经验的专业咨询机构协助完成，或者委托有资质的设计单位完成。

（1）项目可行性研究报告的一般特点

1）可行性研究报告的主要任务是对预先设计的方案进行论证，从而进行研究方案的设计，进一步明确研究对象。

2）可行性研究报告涉及的内容以及其反映情况的数据，不允许有任何偏差及失误，必须绝对真实可靠，报告中所运用的资料和数据，都要经过反复核实，以确保内容的真实性。

3）可行性研究报告是投资前的决策活动，是在事件还没有发生时的判断过程，是对事务未来发展的情况、可能遇到的问题和结果的估计，是具有预测性的。因此，必须进行深入地调查研究，充分地查阅资料，运用切合实际的预测方法，科学地预测未来前景。

4）论证性是可行性研究报告的一个显著特点。要使其有论证性，必须要运用系统的分析方法，围绕影响项目的各种因素进行全面、系统的分析，既要进行宏观分析，又要进行微观分析。

（2）项目可行性研究报告的主要内容

1）项目概况。介绍项目的建设名称、选址、建设单位等，说明光伏电站的规模、建设期限、投资预算、效益分析等。

2）项目建设的必要性及有利条件。介绍项目建设技术先进性，对项目建设的必要性、可行性进行分析。

3）项目建设的意义及前景。介绍光伏电站对区域经济的贡献和发展前景，国家相关支持政策等。

4）建设条件。分析项目地点的光照等自然资源优势、交通、社会经济概况、原材料供应条件、公共设施配套条件等。

5）项目建设方案及内容。介绍项目建设的总体思路、建设目标、建设模式、具体设计实施等。

6）环境保护与水土保持。介绍施工期和运营期的环境影响、应对措施、建设结论等。

7）项目实施计划和进度。

8）投资估算与资金筹措。依据建设内容及有关建设标准或规范，在详细测算投资的基础上，估算项目总投资，并明确资金筹措方式。

9）组织实施与管理。介绍项目建设的组织管理、资金管理、技术培训等。

10）结论与建议。

11）附件及有关证明材料。

（3）项目可行性研究报告审批程序

项目可行性研究报告的审批，需要经历3个阶段：首先由建设单位提出申请；然后由当地发改委进行产业政策和行政规定方面的审查，不符合者退回，符合者转入技术性审查；最后，建设单位修改或补充有关资料后，当地发改委正式受理，并按照投资限额和审批权限，该转报上级政府审批的，转报上级审批，该自行审批的，下发审批批文。

（4）太阳能光伏发电项目申请报告审批程序

为规范太阳能电站开发建设管理，促进太阳能发电有序健康发展，根据《中华人民共和国行政许可法》和《企业投资项目核准暂行办法》，国家能源局制定了《太阳能电站建设管理暂行办法》，要求装机容量大于5 MW且并网运行的光伏电站，委托具备甲级工程咨询资格的设计咨询单位编制项目申请报告。

根据《太阳能电站建设管理暂行办法》的要求，太阳能光伏发电项目需要先审批项目申请报告，再进行项目核准立项。

（5）光伏电站项目可行性研究报告提纲案例

光伏电站项目可行性研究报告提纲案例详见表2-2。

表2-2　某光伏电站项目可行性研究报告提纲

某光伏电站项目可行性研究报告提纲
1. 总论
1.1 项目概况
1.2 可行性研究报告的编制概况
1.3 项目简要结论
2. 项目背景及建设的必要性
2.1 技术先进性
2.2 项目建设的必要性
3. 光伏产业发展的意义及前景
3.1 我国的太阳能资源

（续）

3.2 建设光伏电站的现实意义
3.3 光伏发电的应用前景
3.4 国家相关的支持政策
4. 项目选址及建设条件
4.1 区域现状
4.2 建设条件
4.3 ××市太阳能资源
5. 项目规划设计方案
5.1 规划设计指导思想
5.2 规划设计的原则
5.3 项目并网方案
5.4 电站总平面布置
5.5 光伏发电组件选型及发电量计算
5.6 电气方案
5.7 仿真接线方案
6. 环境保护与水土保持
6.1 项目概况与气候特征
6.2 施工环境影响
6.3 运营期环保措施
6.4 环保结论
7. 劳动安全
7.1 设计依据、任务和目的
7.2 工程安全与卫生危害因素分析
7.3 劳动安全与工业卫生对策措施
7.4 光伏电站安全与卫生机构装置、人员配备及管理制度
7.5 事故应急救援预案
7.6 劳动安全与工业卫生专项工程量、投资概算和实施计划
7.8 预期效果评价
8. 节约和合理利用资源
8.1 概述
8.2 遵照的标准和规范
8.3 节能降耗措施
8.4 总平面设计
9. 项目实施进度
9.1 项目实施阶段

（续）

9.2 项目实施进度表
10. 投资估算和经济评价
10.1 项目设备投资
10.2 项目发电量上网比例
10.3 经济效益分析与财务评价
10.4 社会效益分析
10.5 项目资金来源
10.6 项目财务评价结论
11. 招标方案
11.1 招标依据
11.2 招标
12. 研究结论与建议
12.1 结论
12.2 建议
13. 附件及证明材料

2.1.4 可行性技术方案的编制

1. 可行性技术方案的作用

可行性技术方案的编制阶段是光伏电站建设程序继“选址”之后的第三个阶段。可行性技术方案的主要作用是通过最终决策，作为正式确定建设项目的依据。此时的“确定”不仅是对项目可行性技术方案的编制阶段选择的项目进行进一步的肯定，更主要的是对项目的技术、工程、经济、外部协作等基本轮廓方面的认可。主要用于分析项目投资必要性、技术可行性、组织可行性、经济可行性、社会可行性、分析项目存在的风险因素与对策建议。

2. 可行性技术方案的编制内容

光伏电站项目可行性技术方案一般应包括以下内容。

（1）概述

介绍项目概况、建设项目的必要性和意义及项目单位；开展可行性研究的依据及范围。

（2）太阳能资源和气象地理条件

介绍项目所在地太阳能资源情况及气象地理条件。

（3）电力系统概述

项目所在地的电源、电网情况，电网负荷和电网设备的现状，主要包括电力负荷预测、电力发展规划及电力营销情况。

（4）工程建设方案和发电量测算

阐述项目建设总体布置、基本方案，及电站总装机容量、年发电量。

（5）工程建设条件、材料供应

阐述项目建设地点的工程建设条件，包括基础配套设施、水泥、商品混凝土及人力成本情况、道路交通情况、动力供应、水源情况。

3. 可行性技术方案编制流程和步骤

可行性技术方案编制流程如图 2-2 所示。

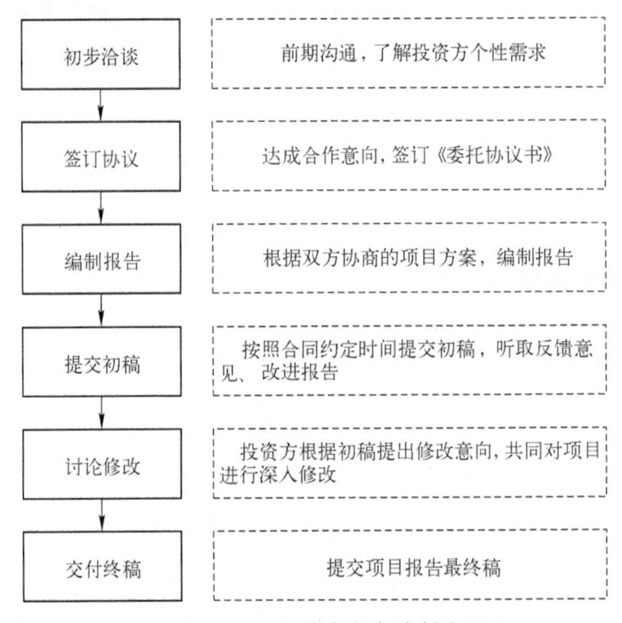

图 2-2　可行性技术方案编制流程

可行性技术方案的编制过程具体如下。

（1）初步规划项目调查清单

初步拟订项目整体方案框架，出具详细的调查清单，初步确定清单各个部分的主要调研对象。列出需要投资方提供的材料清单，并与投资方代表充分沟通，消除理解上的歧义，告知完成时间，上述工作一般在 1 个工作日内完成。

（2）成立项目组

项目组成员一般由项目经理、投资方单位负责人、咨询机构相关专业人员和投资方单位辅助人员组成，辅助人员中一般应有一名财务人员，一名非财务人员。一般在 2 个工作日内完成。

（3）核心团队访谈

针对投资方主要的核心负责人进行访谈，访谈重点为：对项目的认识、在项目中的定位、对项目或局部工作的设想、具体的建议和想法、配合可研各模块调查的内容和可提供的资料。访谈工作应在项目组成立后事先与投资方协调访谈对象、日程、内容，力求在2个工作日内完成访谈工作。

（4）资料汇总整理、形成初步设计方案

根据前期调研、访谈材料进行汇总整理，并编制详细的可研报告大纲和各个章节的主要设想，报机构领导讨论，并根据讨论意见进行修改。此项工作一般控制在2个工作日内完成。

（5）撰写初稿

根据可行性技术方案大纲按专业进行分工，撰写初稿，并随时收集各个部门负责人对相关章节的意见、建议。此项工作一般应在4个工作日内完成，其中，分专业报告应在3个工作日内完成，用1个工作日时间完成汇编排版、校核，并组织小组讨论后印制汇报稿，分发到相关部门。

（6）初稿汇报审查

项目经理组织初稿汇报会，各部门提出修改意见，补充材料。汇报讨论时间一般安排在材料分发后的第3个工作日内进行。

（7）反馈意见整理，修改报告

报告编制项目组根据各部门意见及补充材料修改报告，一般应在2个工作日内完成。

（8）报告定稿

报告修改完成后，及时与投资方协调报告审定日程、参会人员、地点，与投资方单位共同审定可研报告，其中，日程安排一般在完稿后4~5个工作日内进行。

2.2 项目组织与制度管理

光伏工程项目的组织与制度管理是项目管理基本理论和方法在具体工程项目中的应用与发展，是项目管理者为了光伏项目的顺利完成，实现预期的功能和质量、规定时限、成本预算等目标，采用系统的观念、理论和方法，发挥计划职能、控制职能、协调职能、监督职能的作用，而开展的全面、科学、有序、明确的管理活动。其管理的对象是光伏电站工程项目，其工作内容涵盖了工程组织管理、工程成本与预算管理、工程项目进度管理、项目风险管理等方面。

2.2.1 工程组织管理

光伏电站的工程组织管理是指通过建立一个可以完成工程项目管理任务的组织机构，制定相应的规章制度，划分出明确的岗位、层次、责任和权力，并对相应岗位人员的行为进行规范化，以实现工程项目目标。工程项目管理组织是在整个工程项目中从事各种管理工作人员的组合。光伏电站工程项目的投资方、建设方、设计单位、材料设备供应单位都有自己的工程项目管理组织，这些组织之间存在各种联系，有各种管理工作、责任和任务的划分，它们形成工程项目总体的管理组织系统。工程项目组织的组建，要充分考虑自然、环境、经济、社会、文化、地理条件等因素影响。只有建立运行高效的项目管理团队，才能确保该类型工程项目建设目标得以实现。

1. 工程项目组织的作用

工程项目组织的作用有以下几点。

（1）构成项目管理的保障

一个好的项目组织应能够高效地完成项目管理目标，积极应对外界变化，满足组织成员生理、心理、社会和发展需要，产生集体意识，形成团队合力，为完成项目建设目标而共同努力。

（2）形成权利系统

随着组织的建立，各部门会形成应有的权利与义务。权利是工作的需要，是管理地位形成的前提，是组织活动的反映。项目组织要合理分层、分跨度，形成良好的权利分配。

（3）形成责任制

责任制是光伏工程项目组织的核心问题，只有建立健全的岗位责任制，才能确保组织有效运行。组织中规定了每个成员的管理活动和生产活动范围，这是每个成员应履行的责任。

（4）形成良好的信息沟通体系

组织之间良好的信息沟通对项目的顺利进行无疑是至关重要的，工程项目组织规定了信息流通的具体形式，比如组织下级以报告或其他形式向上级传递信息，同级不同部门之间为了协作可横向传递信息等。

2. 工程组织的形式

在工程建设过程中，项目管理面临繁重的工作任务、有限的建设工期和清晰的质量建设目标，这也使工程组织具有临时性、动态性和完整性。临时性是指工程组织是一次性的，随着项目的产生而开始，随着项目的竣工而结束；动态性是指项目组织随着业主要求、政策改变或者天气状况等因素的变化而变化；完整性是指项目组织要对项目的全生命周期内的各种矛盾和冲突进行管理和协调。工程组织的特性也决定了工程项目组织形式从结构类型上应包括管理层次、管理跨度、部门设置和上下级关系。一般而言，项目组织应包括职能组织、项目式组织和矩阵式组织 3 种，仅对光伏电站建设施工项目来说，一般采用矩阵式组织形式。

矩阵式组织是现代施工项目的一般组织形式，其结构成矩阵状，项目管理人员由企业有关职能部门派出并接受业务指导，受项目经理直接领导。其结构如图 2-3 所示。

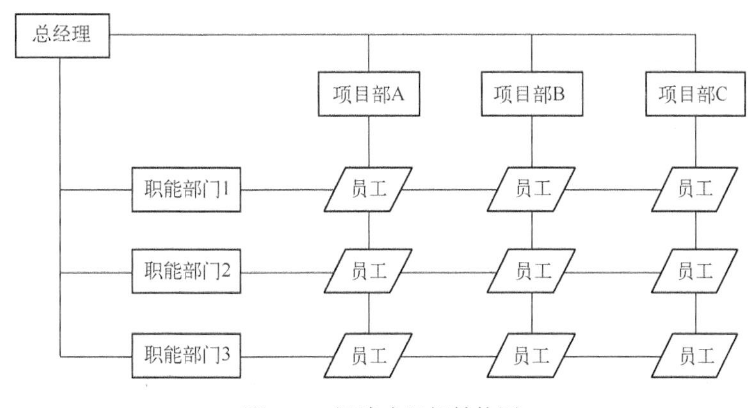

图 2-3 矩阵式组织结构图

工程项目矩阵式组织遵照职能原则和项目原则，既发挥职能部门的纵向优势，又具有项目组织的横向优点，这样有利于项目负责人组织项目管理，项目经理对调配到本项目中工作的人员拥有管理权和配置权。当人力不足时，可以向职能部门要求更换人员。职能部门原则上确保为项目实施提供各种资源。职能部门负责人有权根据项目需要和闲忙程度，在项目之间调配本部人员。一个专业人员可以为不同的项目服务，以避免人才的闲置或短缺。

3. 项目组织的构建

有效的项目组织管理能提高项目的管理生产效率，可以尽快达到预期的建设目标。建立有效的项目组织管理可以从以下几个方面进行。

（1）建立适宜有效的组织结构

1）编制好组织管理计划。施工过程的每个阶段有不同技术和管理重点，对项目组织构成的要求也不尽相同，需要随着项目进展进行动态管理和调整。当项目建设由一个施工阶段进入另一个施工阶段时，项目施工会产生一些诸如人事、薪酬等组织管理问题，需要提前确定解决方案以避免负面影响。

2）建立新的组织结构模式。项目组织结构设计主要考虑如何进行工作职责分配、如何提高项目团队的执行力、如何提高工作任务的执行效果，同时必须重视建立沟通渠道以确保项目内部信息沟通及时、充分、畅通。要实现以上目标，需根据项目施工管理的总体思路进行组织结构模式创新。

3）做好组织工作流程设计。项目实施过程中须对涉及的所有职能管理工作进行详细的工作流程设计，明确各个阶段、阶段之间的约束条件以及项目团队相关人员在各个阶段的工作程序，以确保组织结构能正常运行。

4）明确工作管理职责。为了确保项目组织正常运行，仍需要对那些比较复杂的、同时涉及多个管理人员的工作管理职责进行详细说明。在具体实施中，可以采用职责分配表来反映工作任务与相关的管理人员之间的关系。

（2）建立畅通开放的沟通渠道

为确保项目团队成员及项目相关者及时、准确地得到所需信息，建立畅通、开放的沟通渠道尤为重要。一旦信息不能及时、准确到达将会严重影响项目的正常进行，甚至会给项目带来不可估量的损失。

1）进行信息需求判定。了解与项目施工相关的项目内团队成员与业主、设计单位、监理单位、施工单位等项目外部的利益相关者的信息和沟通要求，明晰其具体要求、何时需要以及如何进行信息的相互传递。

2）建立沟通渠道，项目负责部门能够熟悉各方信息需求，结合项目组织的管理职能分配，建立沟通渠道，确保信息能及时、准确地发送到信息需求者。

3）需要确定信息发布计划，项目负责部门依据要沟通事件的性质，确定信息的发布形式。有些信息需要通过制订正式文件，如重要的会议纪要、谈话备忘录等；有些信息只需进行传阅，如项目组织上级公司的文件；有些信息是一些公用信息，如工程图样、项目检验、试验计划等；还有些非常重要的信息则需要在正式的场合由项目经理亲自宣读，如上级紧急事项的通知、重大自然灾害预防的动员等。

（3）合理解决项目进程中的内外部冲突

项目内部冲突一般由人际关系和工作关系造成，这两种不同类型的冲突应采用不同的解决方法。人际关系造成的冲突首先要分析原因，最好由项目领导出面说服冲突双方解决，这样会从根本上解决冲突，不会在双方间留下阴影；对因工作关系引起的冲突处理的基本原则是“对事不对人”，即要认真分析引起冲突的原因，让冲突双方充分阐述自己的理由，必要时要从第三方获得有关冲突的信息，并与冲突双方进行沟通并确认。

项目与外部发生的冲突一般是由于项目与外部相关者产生利益冲突，或是由于项目施工违反了某些规定而引发的。在处理第一种冲突时，要仔细分析外部相关者所追求利益的合理性与可能性，以及他们对利益的关注程度；同时要分析失去这个利益将会对项目带来的损失程度，以及为得到这个利益项目将会付出的代价。第二种冲突的处理一般采取积极的态度，主动执行行政管理机关的整改决定，并制订相应的措施，杜绝再发生此类问题。

2.2.2 工程成本与预算管理

工程项目成本是在工程项目生命周期内，围绕整个工程而发生的资源耗费的货币体现，是在项目的前期决策和实施阶段为工程项目的顺利进行所花费的各项费用的总和，主要包括可行性研究、项目设计、建设施工、竣工验收以及保修等阶段所需费用。施工预算详细地反映了完成单位工程应需的人工、材料、机械台班以及大型机具的种类和数量，施工企业须根据施工进度计划组织人力、物力，避免人工窝工、人工不足以及材料缺货或积压等现象。特别是在目前建筑行业资金短缺、建材价格上涨、成本上升的情况下，如果无计划购买材料，不论是积压或缺货都将严重影响企业的经济效益。

（1）项目建设的投资总额

光伏电站建设项目，都需要进行预算管理，项目投资总额是保证项目建设和生产经营活动正常进行的必要投入资金。生产性建设项目总投资包括建设投资和流动资金两部分，建设投资也称为固定投资，是指形成企业固定资产、无形资产和递延资产这 3 方面的投资。流动资金主要是项目建设过程中用于购买原材料、燃料，支付员工工资及其他人力物力消耗费用等所需要的周转资金。项目建设投资总额的构成如图 2-4 所示。

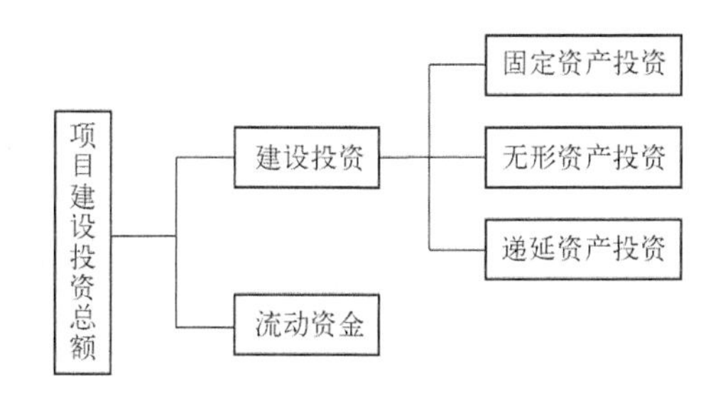

图 2-4　项目建设投资总额的构成

（2）建设工程成本管理

建设工程成本管理是指综合应用技术、经济、法律、组织、管理等多种科学手段，进行成本分析、预测、规划，合理拟订建设各阶段成本计划，并将这一计划在工程项目建设全过程中严格执行，进行成本控制，将工程项目建设成本控制在适宜的范围内，从而达到业主的投资目的。

建设工程项目管理过程中应有效平衡质量、成本、进度三大目标的矛盾，满足客户需求。不能一味地追求节约成本，忽视工程质量和进度目标。比如由于质量达不到标准会蒙受经济损失，为保证和提高工程质量而进行的一些活动，如返工、停工、索赔、保修、质量预防、质量检测等也会发生一定的费用（统称经济成本）；为了实现工期目标或合同工期，采取相应措施所发生的特定费用（统称进度成本）。

建设工程成本管理贯穿于工程投资决策、可行性方案制订、招投标、施工准备、施工建设、竣工决算、投产运营的全过程。其目的是为了确保在允许的预算内，按时、保质、经济地完成既定的工程项目建设目标。管理过程中，应围绕项目实施的全过程对工程进行细分，参考以往数据，对成本进行有效组织、实施、跟踪、控制、分析、考核等管理措施。

（3）项目工程成本控制管理的基本原则

1）可控原则。可控性原则是指光伏电站从策划至竣工运营过程的成本活动以特定方式对企业单位或人员划分为特定责任单元，这些责任单元对其职责范围内生产消耗量的大小负直接责任，也就是说一切成本都可以分解为特定责任单元的责任，这些成本对特定责任单元来说是完全可控的。

2）全面控制的原则。全面控制应包括全员控制和全过程控制。

项目成本全员控制应涉及项目组织各个部门、单位和班组的工作业绩，也与每个职工的切身利益相关。项目的全体都应关注工程成本，仅靠项目经理或专业成本管理人员及少数人的努力是无法实现预期效果的，应该包括各部门各单位的责任网络和班组经济核算等，防止出现成本控制人人有责，却又人人都不管的局面。

全过程控制是指从施工准备开始、工程施工、竣工到交付使用后的保修期结束，每一项经济业务都要纳入成本控制的轨道。成本控制要随着项目各个阶段进展而有序进行，既不能有疏漏，又不能时紧时松，以确保项目成本自始至终置于有效控制之下。

3）中间控制原则。又称动态控制原则，它强调项目在实施过程中进行工程成本的计划、核算和监督。项目实施之初，应根据上级要求和施工组织设计的具体内容确定成本目标、编制成本计划、确定成本控制方案，为后续成本控制做好准备，而决定项目成本控制按计划进行的是建设过程中的控制策略。

4）目标管理的原则。目标管理是贯彻执行计划的一种方法，它把计划的方针、任务、目的、措施等逐一分解，提出进一步的具体要求，分别落实到执行计划的部门、单位甚至个人。目标管理内容包括：目标设定和分解，目标责任到位和执行，检查目标的执行结果，评价目标和修正目标，形成目标管理的 PDCA 循环。

5）节约的原则。节约人力、物力、财力的消耗是成本控制的重要方式。可以从 3 个方面开展成本节约：一是严格落实有关财务制度，紧缩成本开支范围，严控费用开支标准，对各项成本费用支出进行限制和监督；二是优化施工方案，提高建设项目科学管理水平，降低人、财、物的消耗；三是采取预防成本失控的技术措施，防止可能发生的浪费。

6）例外管理的原则。除工程项目建设活动中的例行活动以外，也会出现一些非常规性的生产活动，即“例外”问题。这些“例外”问题有可能对成本目标的顺利完成产生巨大影响，成为关键性问题。比如某些暂时的节约可能对后续活动成本构成隐患，如平时对机械维修费的节约，可能会造成设备损坏或更大的经济损失等，这些都应视为“例外”问题加以重视，必要时应采取措施予以纠正。

7）责、权、利的原则。贯彻责、权、利相结合的原则，严格按照经济责任制的要求，有利于成本控制的及时性和有效性。在项目施工过程中，项目经理、技术人员、业务管理人员及各单位和生产班组都负有一定的成本控制责任，从而形成整个项目的成本控制责任网络。与此同时，各部门、各单位、各班组还应享有成本控制权力，在规定的权力范围内可以决定某项费用能否开支、如何开支和开支多少，对项目成本有实质性控制。最后，项目经理要对各部门、各单位、各班组的成本控制业绩进行定期检查和考评，并把这些与工资分配挂钩。

2.2.3 工程项目进度管理

1. 工程项目进度管理的概念

进度管理是工程项目管理的重要组成部分，它与成本管理、质量管理统称为传统项目管理 3 大内容。工程项目进度管理是一种动态管理过程，包括进度计划的制定和实施控制，是施工单位在规定的时间内的最佳的进度计划及相应的控制措施。进度管理旨在确保工程质量和项目建设周期的前提下，合理安排资源供应，节约工程建设成本。

编制工程项目进度计划要保证建设工程按合同规定的期限交付使用，施工中其他工作必须围绕并配合施工进度计划的安排。因此，在编制时要从实际出发，注意施工连续性和均衡性；按合同规定的工期要求，保证好中求快，提高竣工率，综合经济效果好。编制施工进度计划通常包括以下 6 个步骤，如图 2-5 所示。

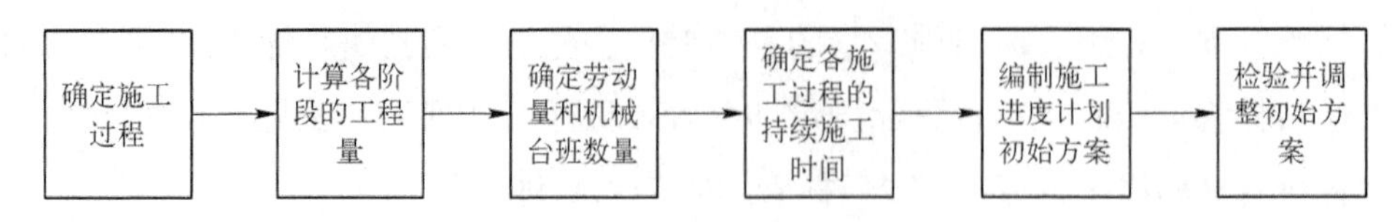

图 2-5　编制施工进度计划的步骤

（1）确定施工过程

根据工程的实际划分出各施工项目的明细，列出项目一览表，并与所确定的施工方法一致，将构成整个工程项目的全部分项工程按照施工先后顺序进行排列，不可缺漏项。

（2）计算各阶段的工程量

按照工程的施工顺序并根据施工图和有关工作量的计算规则，分别计算施工项目的实物工程量（工程量的计算单位应与相应的定额或合同文件中的计量单位一致），还应包括大型临时设施的工程（如，场地平整的面积、便道、便桥的长度），结合施工组织的要求，按已划分的施工段分层分段计算。

（3）确定劳动量和机械台班数量

劳动量是工程量与相应时间定额的乘积，劳动量一般可按企业施工定额进行计算，也可按施工行业现行的预算定额和劳动定额计算，劳动量的计算单位当为人工时是“工日”，为机械时是“台班”。

（4）确定各施工过程的持续施工时间

根据工作项目所需要的劳动量、机械台班数及该工作项目每天安排的工人数或配备的机械台数，计算各工作项目持续时间。有时根据施工组织要求（如组织流水施工时），也可以采用倒排方式安排进度，即先确定各工作项目持续时间，依次确定各工作项目所需要的工人数和机械台数。

（5）编制施工进度计划初始方案

选择施工进度计划表达形式，可以采用横道图或者网络图等作为控制工程进度的主要依据，全工地的流水作业安排应以工程量大、工期长的工程为主导，如场地平整、电气电缆敷设、光伏支架固定安装等，组织若干条流水线。

（6）检验并调整初始方案

在施工进度计划编制完成的基础上，需要对其进行检查与优化调整，使进度计划更加合理，需检查调整的内容包括各工作项目的施工顺序是否合理、总工期是否满足合同规定、主要工序的工人数是否能满足连续均衡施工的要求、主要机具材料等的利用是否均衡充分。

2. 项目进度计划编制的一般原则

项目进度计划编制的一般原则有：

1）合理安排施工顺序，保证在劳动力、物资材料以及资金使用量最少的情况下，按规定工期完成施工任务。

2）施工方法可靠可行，保证工程项目的施工连续、稳定、安全、优质、均衡。

3）节约施工成本，讲究综合经济效果。

4）从实际出发，注意施工连续性和均衡性。

5）按合同规定的工期要求，力求好中求快，提高竣工率。

3. 项目进度的编制依据

项目进度的编制依据有：

1）工程项目设计图样包括初步设计或扩大初步设计、技术设计、施工图设计、设计说明书、光伏电站总平面图等。

2）工程项目概（预）算资料、指标、劳动定额、机械台班定额、工期定额等。

3）施工承包合同规定的进度要求和施工组织设计。

4）施工总方案（施工部署和施工方案）。

5）当地自然条件和技术经济条件，包括气象、地形地貌、水文地质、交通水电等。

6）工程项目所需的资源，包括劳动力状况、机具设备能力、物资供应来源等。

7）地方建设行政主管部门对施工的要求。

8）国家现行的建筑施工技术、质量、安全规范、操作规程，以及技术经济指标。

2.2.4 项目风险管理

风险管理是指对影响项目工程目标实现的各种不确定性事件进行识别和评估，并根据具体的情况采取应对措施，将其影响控制在可接受范围内的过程。相应地，工程项目风险管理是指工程项目参与方通过风险识别、风险分析和风险评价去认识工程项目的风险，并以此为基础合理地使用各种风险应对措施、管理方法、技术和手段对项目风险实行有效地控制，妥善处理风险事件造成的不利后果，以最少的成本保证工程项目总体目标得以实现的管理工作。

1. 工程项目风险的特点

工程项目风险的特点包括多样性、客观性、不确定性、可变性和相对性。

（1）多样性

在一个项目中可能存在着多种风险，如经济风险、政治风险、法律风险、合同风险、自然风险、技术风险等。

（2）客观性

作为损失发生的不确定性，风险往往是不以人的意志为转移并超越人们主观意识的客观存在。虽然人们一直希望认识和控制风险，但直到现在也只是在有限的空间和时间内改变风险存在和发生的条件，降低风险发生的频率，减少损失程度，不能也不可能完全消除风险。

（3）不确定性

不确定性指工程项目的风险活动或事件的发生及其后果都具有不确定性。

（4）可变性

在工程项目建设全过程中，各种风险存在质或量上的变化。随着项目的进行，有些风险会得到控制，有些风险会发生并得到处理，同时在项目的各个阶段都有可能产生新的风险。

（5）相对性

工程项目风险主体和风险大小都具有相对性特征。同样的风险对不同的主体有不同的影响，不同的主体对同一风险的承受能力也是不同的。

2. 项目风险管理的过程

工程项目风险管理是指有关工程主体对工程活动中涉及的风险进行识别、分析并确定相应的对策，以最低的风险成本实现项目产出最大化。工程项目管理要求参与工程建设的各方，包括投资业主、项目设计方、承建方、监理单位、材料供应商等在工程项目的筹划、勘察设计、施工以及竣工后投入使用各阶段，采取识别、估计、应对工程项目风险的方法和技巧，控制和处理项目风险，防止和减少损失，保障项目顺利进行。在一般情况下，工程项目风险管理过程应包括项目实施过程中的风险识别、风险估计、风险评价、风险应对和风险控制。

（1）风险识别

通过一定的方式，确定可能影响项目的风险的种类，对其加以适当的归类。必要时，还得对风险事件的影响进行定性的估计。

（2）风险估计

风险估计的主要任务是确定风险发生的概率和影响。

（3）风险评价

确定并列出各风险的重要性程度，以及对其进行处理的费用效益分析。

（4）风险应对

通过编制风险应对计划，确定相应的技术手段和程序，用来减少项目风险威胁，并提高实现项目目标的概率。

（5）风险监控

风险监控包括主动采取措施回避风险、预防风险、转移风险并实时对风险进行监控，当风险发生时，实施降低风险的计划，力争将损失最小化。

风险管理是一个连续的、循环的、动态的过程。因为工程项目内部和外部环境不断变化，所以，工程项目风险管理也必须随着条件的变化而调整。随着风险管理决策的实施，风险会出现许多变化，这些变化的信息被及时反馈，风险识别者就能及时地对新情况进行风险分析和评估，从而调整风险管理决策，如此循环往复，以保持风险管理过程的动态性。

3. 工程项目风险应对与监控

项目管理者应对工程项目风险有整体认知，此时需要在工程各个阶段中不断收集和分析各种信息，捕捉风险信号，即进行风险监控。然而风险监控并不能彻底阻止风险的发生，所以就需要采取措施、对策来应对风险，即风险应对。由于不同的管理者对风险有不同的态度，会有不同的应对对策，因此，工程项目中的风险控制需要贯穿在进度控制、成本控制、质量控制等过程中，其最终目的是把风险控制在企业能承受的范围之内。风险应对是通过采用适当的方式，研究如何对风险进行管理。这些方式通常有：风险规避、风险转移、风险缓解、风险自留及风险利用。

（1）工程项目风险规避

风险规避是指为了不产生所要避免的风险，或者是为了完全消除已存风险所采取的行动。它通过计划的变更来消除风险或风险发生的条件，保护目标免受风险的影响。从风险管理的角度看，风险规避是一种最彻底的消除风险影响的方法。而风险规避并不意味着完全消除风险，所要规避的是风险可能造成的损失。风险规避的方法有两种：一是要降低损失发生的概率，二是要降低损失程度。

（2）工程项目风险转移

风险转移是工程风险管理对策中采用最多的措施，风险转移一般指将风险转移给分包商、保险机构或进行工程担保。

（3）工程项目风险缓解

风险缓解是指将工程项目风险的发生概率或后果降低到可以接受的程度。风险缓解的前提是承认风险事件的客观存在，然后再考虑适当措施去降低风险出现的概率或者消减风险所造成的损失。在这一点上，风险缓解与风险规避及转移的效果是不一样的，它不能消除风险，而只能减轻风险。

（4）工程项目风险自留

风险自留是一种由项目组织自己承担风险损失的措施，即将项目的风险留给自己承担。风险自留有时为主动自留，有时为被动自留；有时为全部自留，有时为部分自留。对于承担风险自留需要的资金，可以通过事先建立内部意外损失基金和从外部取得应急贷款或特别贷款的方法来解决。

（5）工程项目风险利用

风险利用仅是针对投机风险而言。一般而言，投机风险大部分可以被利用，但由于投机风险具有两面性，并非所有的风险都可以利用，也不是任何人都能利用风险。风险利用就是促使投机风险朝着有利于项目的方向发展。

2.3 施工准备工作管理

光伏电站设备的精密性决定了施工单位应该重视整个施工过程，应准备充分、流程优化、施工科学。施工现场管理能够充分反映施工企业各项管理水平，是整个施工管理的前提和基础。相对应的，施工准备工作，就是指工程施工前所做的一切工作，不仅在开工前要做，开工后也要做，即其有组织、有计划、有步骤、分阶段地贯穿于整个工程建设的始终。工程项目施工准备工作按其性质及内容通常包括技术准备、物资准备、劳动组织准备、施工现场准备和施工场外准备。

2.3.1 技术准备

技术准备是施工准备的核心。由于任何技术的差错或隐患都可能引起人身安全和质量事故，造成生命、财产和经济的巨大损失。因此必须认真地做好以下技术准备工作。

1. 了解施工合同

施工方应对施工合同有一定的了解，应仔细阅读合同条款，明确合同主要工程量、合同工期、施工范围、质量标准、合同价款以及合同中材料供应与检验，有些合同还提供工程技术要求及执行的规范、法律法规。这些对施工员编制施工组织设计、专项施工方案、办理工程签证单等提供了参考与依据。

2. 熟悉、会审图样

光伏电站的设计图样是施工企业进行施工活动的主要依据，学习及会审图样是技术管理的一个重要方面，学好图样，掌握图样内容，明确工程特点和各项技术要求，理解设计意图，是确保工程质量和工程顺利进行的重要前提。

通常先由设计单位进行交底，其内容包括：设计意图，生产工艺流程，建筑结构造型，采用的标准和构件，建筑材料的性能要求，对施工程序、方法的建议和要求、工程质量标准及特殊要求等。然后由施工单位（包括建设、监理单位）提出图样自审中发现的技术差错和图样上的问题，由设计单位一一明确交底和解答。

会审时施工等单位提出问题，由设计单位解答，整理出“图样会审记录”（详见表2-3），由建设、设计和施工、监理单位共同会签，“图纸会审记录”作为施工图样的补充和依据。其中不能马上解决的问题，会后由设计单位发设计修改图或设计变更通知单。

表2-3 图样会审记录

会审日期： 年 月 日 编号：

<table>
<tr><td>工程名称</td><td colspan="4"></td></tr>
<tr><td>图样编号</td><td>提出问题</td><td colspan="3">会审结果</td></tr>
<tr><td></td><td></td><td colspan="3"></td></tr>
<tr><td>参加会审人员</td><td colspan="4"></td></tr>
<tr><td>会审单位
（公章）</td><td>建设单位</td><td>监理单位</td><td>设计单位</td><td>施工单位</td></tr>
</table>

3. 现场勘查

施工单位进行现场调查，有助于了解工程项目的全貌，以便确定合理的施工部署和技术措施，为编制切实可行的施工组织设计、施工预算及变更设计提供依据。施工调查内容一般根据工程项目规模、性质、特点、条件和调查目的有所侧重，其一般内容详见表2-4。

表2-4 现场勘查的一般内容

序 号	项 目	具体说明
1	设计概况	了解设计意图、主要技术条件、设计原则及设计方面存在的主要问题
2	工程概况	光伏电站的规模及数量，工程的结构类型、施工方案、技术特点等
3	地质情况	工程所在地的地形、地貌、地质构造探测，岩层厚度、风化程度、抗震设防烈度及地下水的水质、水量情况等
4	水文气象资料	当地的气候条件，气温、雨量、大风季节、积雪、冻土等情况
5	资源情况	当地可利用的电力、燃料、民房、水源等情况

（续）

序　号	项　　目	具体说明
6	交通通信情况	① 铁路、公路、桥梁及便道的登记标准，路面宽度、长度、交通量等。 ② 允许通过的吨位等其他可利用的交通工具种类、数量、运输及装卸能力、货运单价等
7	用地及拆迁情况	① 了解当地政府有关环境保护、征（租）用地、拆迁的政策、要求和规定。 ② 详细了解当地人口、土地数量、重大的施工干扰、地下建筑、人防和古墓等情况。 ③ 了解现场用地、拆迁、农田、水利、交通的干扰及处理意见
8	水源和生活供应	当地生产生活的水源、水质、水量、污染情况，生活工艺标准，主副食品种、价格、邮电商业网点情况
9	其　　他	当地风俗习惯、地方疫情、医疗卫生及社会治安情况，施工方案是否满足地方环保要求

4. 编制施工组织设计

施工组织设计是施工准备工作的重要组成部分，也是指导施工现场全部生产活动的技术经济文件。建筑施工生产活动的全过程是非常复杂的物质财富再创造的过程，为了正确处理人与物、主体与辅助、工艺与设备、专业与协作、供应与消耗、生产与储存、使用与维修以及它们在空间布置、时间排列之间的关系，必须根据拟建工程的规模、结构特点和建设单位的要求，在原始资料调查分析的基础上，编制出一份能切实指导该工程全部施工活动的科学方案（即施工组织设计）。

2.3.2　现场生产资料准备

材料、构（配）件、制品、机具和设备是保证施工顺利进行的物质基础，这些物资的准备工作必须在工程开工之前完成，应根据各种物资的需用量计划，分别落实货源，安排运输和储备，使其满足连续施工的要求。

现场生产资料准备工作主要包括建筑材料的准备、构（配）件和制品的加工准备、建筑安装机具的准备和生产工艺设备的准备。

（1）建筑材料的准备

建筑材料的准备主要是根据施工预算进行分析，按照施工进度计划要求，按材料名称、规格、使用时材料储备定额和消耗定额进行汇总，编制出材料需用量计划，为组织备料、确定仓库、场地堆放所需的面积和组织运输等提供依据。

建筑材料进场计划。建筑材料需用量计划主要是指工程用水泥、钢筋、砂、石子、砖、石灰、防水材料等主要材料需用量计划，通常在组织设计方案和施工方案中会提到它，施工人员要关注的是主要材料配备及进场计划。

（2）构（配）件、制品的准备

在项目施工前，施工组织设计中会根据施工预算提供的构（配）件、制品的名称、规格、质量和消耗量，确定加工方案和供应渠道以及进场后的储存地点和方式，编制其需用量计划。施工人员必须对这一计划了解，并且应做到心中有数。构（配）件、制品需用量计划详见表2-5。

表2-5 构（配）件、制品需用量计划

序号	工程名称	备件名称	规格	规格	数量	需用时间	备注

（3）机械设备的准备

施工方案中通常会根据工程实际情况，安排施工进度，确定施工机械的类型、数量和进场时间；确定施工机具的供应方法和进场后的存放地点及存放方式，为组织运输、确定堆放场地等提供依据。机械设备配备及进场计划详见表2-6。

表2-6 机械设备配备及进场计划

序号	机械或设备名称	型号规格	数量	进场时间	备注

2.3.3 劳动组织准备

劳动组织准备的范围既有整个建筑施工企业的劳动组织准备，又有大型综合的拟建项目的劳动组织准备，也有小型简单的拟建工程的劳动组织准备。

1. 拟建工程项目的领导机构

拟建工程项目领导机构的步骤如下：

1）根据拟建工程项目的规模、结构特点和复杂程度，确定拟建工程项目施工的领导机构人选和名额。

2）坚持合理分工与密切协作相结合。

3）把有施工经验、有创新精神、有工作效率的人选入领导机构。

4）认真执行因事设职、因职选人的原则。

2. 组建精干的施工队组

组建施工队组要认真考虑专业、工种的合理配合，技工、普工的比例要满足合理的劳动组织，并符合流水施工组织方式的要求，确定建立施工队组（专业施工队组或是混合施工队组）要坚持合理、精干的原则。同时，要制订出该工程的劳动力需用量计划。

3. 集结施工力量，组织劳动力进场

施工现场的领导机构确定之后，按照开工日期和劳动力需用量计划，组织劳动力进场。同时要进行安全、防火、文明施工等方面的教育，并安排好职工的生活。劳动力需用量计划是按总进度计划中确定的各工程项目主要工种工程量，套用概（预）算定额或者有关资料，求出各工程项目主要工种的劳动力需用量，详见表2-7。

表2-7　劳动力需用量计划表

序　　号	工程名称	总劳动量/工日	专业工种/工日	需用量计划/工日					
				1	2	3	4	5	…
1									
2									
3									
4									
5									

4. 对施工队进行施工组织设计、计划和技术交底

施工组织设计、计划和技术交底的目的是把拟建工程的设计内容、施工计划、施工技术等要求，详尽地向施工队组和工人讲解、交代清楚，也是落实计划和技术责任制的好方法。

（1）交底时间

施工组织设计、计划和技术交底的时间，应在单位工程或分部分项工程开工前及时进行，以保证工程严格地按照设计图样、施工组织设计、安全操作规程、施工验收规范等要求进行施工。

（2）交底内容

施工组织设计、计划和技术交底的内容包括以下几点：

1）施工进度计划、月（旬）作业计划。

2）施工组织设计，尤其是施工工艺。

3）质量标准、安全技术措施、降低成本措施和施工验收规范的要求。

4）新结构、新材料、新技术和新工艺的实施方案和保证措施。

5）图样会审中所确定的有关部位的设计变更和技术核定等事项。

（3）交底的形式与方式

交底工作应该按照管理系统逐级进行，由上而下直到工人队组。其交底的方式有书面形式、口头形式、现场示范形式等。队组、工人接受施工组织设计、计划和技术交底后，要组织人员进行认真的分析研究，弄清关键部位、质量标准、安全措施和操作要领。必要时应该进行示范，并明确任务确定好分工协作，同时建立、健全岗位责任制和保证措施。

5. 建立健全各项管理制度

工地的各项管理制度是否建立、健全，直接影响其各项施工活动是否能顺利进行。有章不循其后果严重，而无章可循更危险。为此必须建立、健全工地的各项管理制度。一般应具有以下几种劳动管理制度：

1）工程质量检查与验收制度。

2）工程技术档案管理制度。

3）建筑材料（构件、配件、制品）的检查验收制度。

4）技术责任制度。

5）施工图样学习与会审制度。

6）技术交底制度。

7）职工考勤、考核制度。

8）工地及班组经济核算制度。

9）材料出入库制度。

10）安全操作制度。

11）机具使用保养制度。

2.3.4 施工现场准备

施工现场是施工的全体参加者为达到优质、高速、低消耗的目标，而有节奏、均衡、连续地进行战术决战的活动空间。施工现场的准备工作，主要是为了给拟建工程的施工创造有利的施工条件和物资保证。施工现场准备的内容如图 2-6 所示。

■ 做好“三通一平” ■ 施工场地的控制网测量 ■ 搭建临时设施 ■ 安装、调试施工机具 ■ 做好施工现场的补充勘探	■ 做好建筑构（配）件、制品和材料的储存和堆放 ■ 及时提供建筑材料的试验申请计划 ■ 设置消防、安保设施 ■ 拆除障碍物

图 2-6 现场准备的内容

1. 做好“三通一平”

“三通一平”是指水通、路通、电通、场地平整。

- “水通”是指拟建工程开工之前，必须按照施工总平面图的要求，接通施工用水和生活用水的管线，使其尽可能与永久性的给水系统结合起来，做好地面排水系统，为施工创造良好的环境。
- “路通”是指拟建工程开工前，必须按照施工总平面图的要求，修好施工现场的永久性或临时性道路，形成完整畅通的运输网络，为建筑材料进场、堆放创造有利条件。
- “电通”是指拟建工程开工之前，要按照施工组织设计的要求，接通电力和电信设备，保证其他能源（如压缩空气）的供应，确保施工现场动力设备和通信设备的正常运行。
- “一平”指场地平整，按照建筑施工总平面图的要求，首先拆除场地上妨碍施工的建筑或构筑物，然后根据电站总平面图规定的标高和土方竖向设计图样，确定平整场地的施工方案，进行平整场地的工作。

2. 施工场地的控制网测量

施工场地的控制网测量步骤如下：

1）按照设计单位提供的建筑总平面图及给定的永久性经纬坐标控制网和水准控制基桩，进行施工测量，设置永久性经纬坐标桩、水准基桩并建立工程测量控制网。

2）在测量放线时，应校验校正经纬仪、全站仪、水准仪、钢尺等测量仪器；校核轴线桩与水准点，确定切实可行的测量方案，包括平面控制、标高控制、沉降观测、竣工测量等工作。

3）建筑物定位放线，一般通过设计图中平面控制轴线来确定建筑物位置，测定并经自检合格后提交有关部门和建设单位或监理人员验线，以保证定位的准确性。沿红线的建筑物放线后，还要由城市规划部门验线以防止建筑物压红线或超红线，为正常顺利地施工创造条件。

3. 搭建临时设施

按照施工总平面图的布置及大型临时设施需用量计划（详见表2-8），建造临时设施（临时生产、生活用房，临时道路，临时用水、用电和供热供气），为正式开工准备好生产、办公、生活、居住和储存等临时用房。

表2-8　大型临时设施需用量计划

序　　号	大型临时设施名称	型　　号	数　　量	单　　位	使用时间	备　　注

4. 安装、调试施工机具

按照施工机具需用量计划，组织施工机具进场，根据施工总平面图将施工机具安置在规定的地点或仓库。对于固定的机具要进行就位、搭棚、接电源、保养和调试等工作，所有施工机具都必须在开工之前进行检查和试运转。施工时，应配置使用性能完好安全有保证的机械设备。机械设备的安全装置和防护设施应齐全，在投入使用前，应对其进行全面的检查，并填写机械设备进场验收单，验收合格后方可使用。

机械设备安装调试常规要求如下：

1）传动的外露部分应有牢固的防护罩，并且可靠连接，无松动。

2）所有设备接地（零）线应可靠连接。

3）每台设备应使用一个独立的开关和电源线路，并与设备的负荷相匹配；所有带电部位屏护良好，防止意外触及。

4）设备的限位、联锁操作手柄灵活可靠。

5）设备不能出现漏油现象。

6）设备检修时要断电，在断电处必须悬挂警示标志“禁止合闸、有人作业”，并设有专人看护。

5. 做好施工现场的补充勘探

对施工现场的补充勘探是为了进一步寻找枯井、防空洞、古墓、地下管道、暗沟、枯树根等隐蔽物，以便及时确定处理隐蔽物的方案并及时实施，为基础工程施工创造有利条件。

6. 做好建筑构（配）件、制品和材料的储存和堆放

按照建筑材料、构（配）件和制品的需用量计划组织其进场，根据施工总平面图规定的地点和指定的方式进行储存和堆放，一般应达到以下要求：

1）建筑材料、构件、料具必须按施工现场总平面布置图堆放，布置合理。

2）建筑材料、构配件及其他料具等必须安全、整齐堆放（存放），且不得超高。堆料应分门别类，悬挂标牌。标牌应统一制作，标明名称、品种、规格数量以及检验状态等。

3）施工现场应建立材料收发管理制度。仓库、工具间材料应堆放整齐。易燃易爆物品应分类堆放，并配置专用灭火器，专人负责，确保安全。

4）施工现场应建立清扫制度，落实到人，做到“工完料尽、场地清”。建筑垃圾应定点存放，及时清运。

5）施工现场应采取控制扬尘措施，水泥和其他易飞扬的颗粒建筑材料应密闭存放或采取覆盖等措施。

7. 及时提供建筑材料的试验申请计划

按照建筑材料的需用量计划，及时提供建筑材料检验试验申请计划（详见表2-9）。如钢材的机械性能和化学成分等试验，混凝土或砂浆的配合比及强度等试验。

表2-9　建筑材料检验试验申请计划

序　　号	材料名称	规格范围	检验项目	质量证明文件	备　　注

8. 设置消防、保安设施

按照施工组织设计的要求，根据施工总平面图的布置，建立消防、保安等组织机构和有关的规章制度，布置安排好消防、保安等措施。

9. 拆除障碍物

其要求如下：

1）施工现场的一切地上、地下障碍物，都应在开工前拆除。

2）房屋拆除时，一般要将水源、电源切断后方可进行拆除。若采用爆破拆除，必须经有关部门批准，由专业的爆破作业人员来承担。

3）架空电线（电力、通信）、地下电缆（包括电力、通信）的拆除，要与电力部门或通信部门联系并办理有关手续后方可进行。

4）自来水、污水、煤气、热力等管线的拆除，都应与有关部门取得联系，办好手续后由专业公司来完成。

5）场地内若有树木，需报园林部门批准后方可砍伐。

6）拆除障碍物的，留下的渣土等杂物都应清除出场外。

2.4 质量保证措施

2.4.1 质量管理目标与体系

1. 质量总目标

质量总目标具体内容如下。

1）工程质量总目标。确保工程零缺陷移交、达标投产。

2）工程质量目标。工程质量符合设计文件要求，符合国家及电力行业施工验收规范、标准及质量检验评定标准的优良级要求。

- 建筑工程：分项工程合格率为100%，单位工程优良率100%，观感得分率≥90%（GB 50300—2013《建筑工程施工质量验收统一标准》）。
- 安装工程：分项工程合格率为100%，单位工程优良率为100%。不发生重大施工质量事故，工程带负载一次启动成功。

2. 建筑工程质量目标

建筑工程质量目标主要内容如下。

1）原材料、装置性材料合格率100%，抽样送捡、试验符合国家有关规范、标准要求。

2）建筑物无不均匀沉降、裂缝、漏渗水。

3）墙面、设备及构支架基础表面平整美观、无裂缝，棱角顺直方正、无缺损；地面、路面表面平整美观、无裂缝、无积水。

4）架构、设备支架无变形、锈蚀、脱漆，吊装就位合格率100%，轴向配合整齐划一、美观大方。

5）站区排水顺畅无积水。

6）混凝土试块强度检验合格、检测报告齐全完整。

7）分项工程合格率100%，分部工程合格率100%，单位工程优良率100%，观感得分率≥95%，确保零缺陷移交。

3. 电气安装工程质量目标

电气安装工程质量目标主要内容如下。

1）原材料、装置性材料、设备合格率确保100%，抽样送检、设备试验符合国家有关规范、标准要求。

2）电气设备安装符合规程要求，设备动作正确可靠、接触良好、指示正确、闭锁可靠。

3）软导线、设备引下线无磨损，安装整齐划一，工艺美观。

4）电缆排列整齐美观、固定牢靠。

5）盘柜安装排列整齐、柜内接线整齐美观、标志清晰齐全。

6）保护自动装置投入率100%且动作正确，远动装置信息齐全正确，监测仪表投入率100%且指示正确。

7）全部电气设备实现无垫片安装。

8）通信系统按设计方案投入且技术指标完好。

9）微机监控系统功能满足设计要求。

10）分项工程合格率100%，分部工程合格率100%，单位工程优良率100%，确保零缺陷移交。

2.4.2 质量保证技术措施

1. 主要人员质量职责

（1）项目总指挥职责

1）对确保工程质量、工期、安全和服务符合要求负责。

2）对项目质量计划在工程施工、管理过程中的有效实施负责；领导建立、完善项目质量保证体系并使之正常、有效运行。

（2）项目经理职责

1）负责代表项目经理行使质量管理和工程质量控制权。

2）负责组织编制和审查施工组织设计，批准一般的施工技术方案和特殊技术措施。

3）负责组织质量事故的分析处理，确定纠正和预防措施、检验实施效果。

4）组织贯彻执行技术标准、规范和质量法规，领导项目质量负责人、各专业质量负责人、各施工单位质量负责人的工作。

（3）项目副经理职责

1）协助项目总工程师完成好项目的质量管理、质量控制工作。

2）负责组织项目质量管理体系的日常运行。

3）组织编制项目的各种质量文件。

4）领导各专业、各施工单位质量负责人的工作。

2. 主要保证措施

主要保证措施具体包括：

1）建立质量奖惩制度，根据制度的实施，使每个人明确各自的质量职责。

2）组织施工人员学习规范、验标、制造厂相关技术文件资料、说明书及设计院设计要求，使施工人员明确质量标准，掌握安装、调试工艺，确保安装质量。

3）项目施工前先统计工程量，合理安排工程进度。

4）施工人员必须严格按施工组织设计和质量、技术、安全交底的内容进行施工，并做好各项原始数据记录工作。

5）严格按作业顺序施工，上道工序未完，不得进行下道工序施工。

6）螺栓联接部位、螺栓孔位置不一致时，不得用火焊切割，只能重新钻孔调整。焊接材料应按有关规定选用，使用的焊接材料应有供方质保书。

7）在进行设备缺陷处理时，应主动与有关方技术人员、监理人员研究制定出适用于现场施工的解决方案。

8）认真完成各类设备缺陷、不合格品的检查和记录工作，并按规范要求进行处理。

2.5 本章小结

2.5.1 知识要点

序　号	知 识 要 点	收获与体会
1	光伏电站项目管理的意义是什么	
2	光伏电站项目管理的内容有哪些	
3	光伏电站项目的可行性报告的主要内容	
4	工程成本与预算包括哪些方面	
5	项目施工组织设计的基本内容	
6	项目工程实施准备的含义	
7	施工现场管理的意义	
8	施工现场管理的主要内容	
9	施工现场对设备到场的检查流程	
10	施工现场人力资源管理的意义	
11	人力资源管理的主要内容	
12	施工现场文件管理的主要内容	
13	质量保障体系的总目标	
14	建筑工程质量目标有哪些	
15	质量保证的主要措施	

2.5.2 思维导图

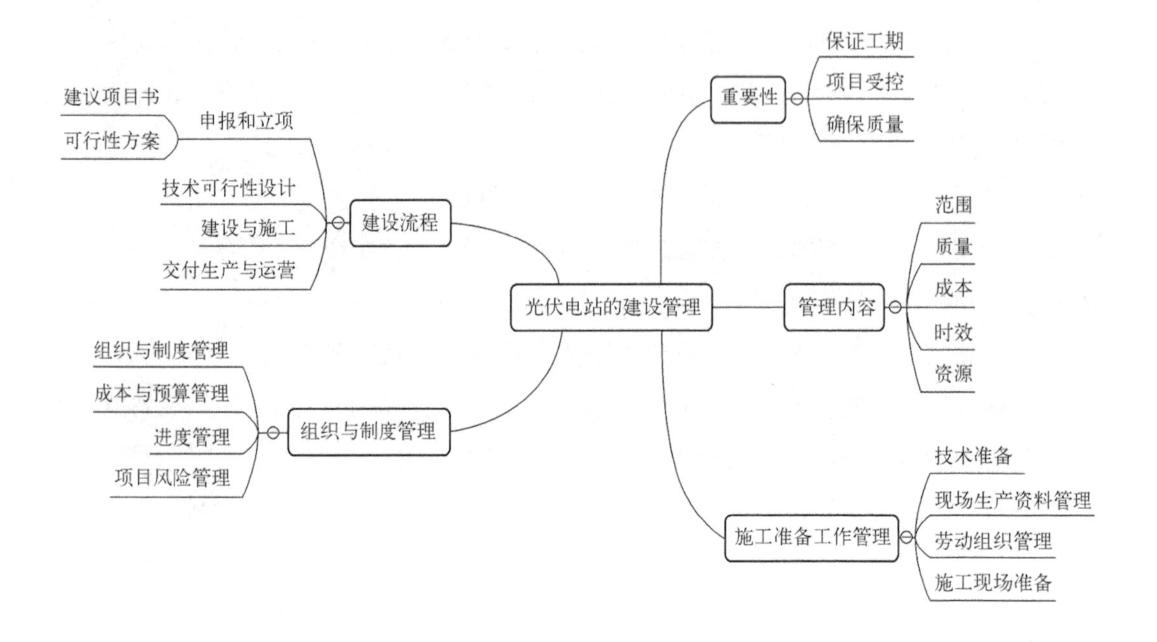

2.5.3 思考与练习

1）光伏电站项目管理的意义是什么?

2）光伏电站项目管理的内容有哪些?

3）光伏电站项目的可行性报告的主要内容有哪些?

4）工程成本与预算主要包括哪些方面?

5）简述项目施工组织设计的基本内容。

6）项目工程实施准备的含义是什么?

7）施工现场管理的主要方面有哪些?

8）施工现场对设备到场的检查流程是什么?

9）人资资源管理的主要内容有哪些?

10）施工现场文件管理的主要内容有哪些?

11）质量保障体系的总目标是什么?

12）建筑工程质量目标有哪些?

13）质量保证的主要措施有哪些?

第3章　基础工程的建设与施工

【学习目标】

➢ 了解光伏电站土建施工的基本要求。
➢ 了解土建工程施工的流程与注意事项。
➢ 熟悉光伏支架的施工工艺要求。
➢ 掌握土建工程对环境的影响及水土保持政策和措施。

【学习任务描述】

光伏电站基础设计时，应结合光伏电站周边环境，因地制宜，选择合适的基础设计形式。基础工程设计中，最为主要的一块就是支架基础的设计、选型与施工。作为光伏电站的设计者、实施者和参与者，必须熟练掌握光伏支架基础建设的设计和实施流程、工艺要求和质量标准，熟悉基础建设对周边环境的影响，能够正确实施环境保护措施。

3.1　土建工程的施工

3.1.1　土建工程施工要求

地面光伏发电工程土建施工范围包括：场地平整、场内道路施工、支架基础开挖（或静压桩施工）、支架基础混凝土浇筑、支架安装、电缆沟开挖与衬砌、综合楼基础开挖（地基处理）、中控楼砌筑和装修、升压站设备基础开挖与砌筑、围墙砌筑、暖通及给排水、水土保持及环保措施、防洪排涝设施施工等。

1. 土建工程的一般规定

（1）土建工程的施工规定

土建工程的施工应按照现行国家标准 GB 50300—2013《建筑工程施工质量验收统一标准》的相关规定执行。

（2）测量放线的规定

测量放线工作应按照现行国家标准 GB 50026—2016《工程测量规范》的相关规定执行。

（3）原材料进场规定

土建工程中使用的原材料进场时，应进行下列检测：

1）原材料进场时应对品种、规格、外观和尺寸进行验收，材料包装应完好，应有产品合格证书、中文说明书及相关性能的检测报告。

2）钢筋进场时，应按现行国家标准 GB/T 1499—2018《钢筋混凝土用钢》等的规定抽取试件进行力学性能检验。

3）水泥进场时应对其品种、级别、包装或散装仓号、出厂日期等进行检查，并应对其强度、安定性及其他必要的性能指标进行复验，其质量应符合现行国家标准 GB 175—2007《通用硅酸盐水泥》等的规定。

4）当国家规定或合同约定应对材料进行见证检测时或对材料的质量有争议时，应进行见证检测。

5）原材料进场后应分类进行保管，对钢筋、水泥等材料应存放在能避雨、雪的干燥场所，并应做好各项防护工作。

6）混凝土结构工程的施工应符合现行国家标准 GB 50204—2015《混凝土结构工程施工质量验收规范》的相关规定。

7）对掺用外加剂的混凝土，相关质量及应用技术应符合现行国家标准 GB 8076—2018《混凝土外加剂》和 GB 50119—2013《混凝土外加剂应用技术规范》的相关规定。

8）混凝土的冬期施工应符合现行行业标准 JGJ/T 104—2016《建筑工程冬期施工规程》的相关规定。

9）需要进行沉降观测的建（构）筑物，应及时设立沉降观测标志，做好沉降观测记录工作。

10）隐蔽工程可包括混凝土浇筑前的钢筋检查、混凝土基础基槽回填前的质量检查等。

2. 土方工程的施工要求

土方工程的施工要求主要包括：

1）土方工程的施工应执行现行国家标准 GB 50202—2018《建筑地基基础工程施工质量验收标准》的相关规定，深基坑基础的土方工程施工还应执行现行行业标准 JGJ 120—2012《建筑基坑支护技术规程》的相关规定。

2）土方工程的施工中如有爆破工程应按照现行国家标准 GB 50201—2012《土方与爆破工程施工及验收规范》的相关规定执行。

3）工程施工之前应建立全场高程控制网及平面控制网。高程控制点与平面控制点应采取必要保护措施，并应定期进行复测。

4）土方开挖之前应对原有的地下设施进行标记，并应采取相应的保护措施。

5）支架基础采用通长开挖方式时，在保证基坑安全的前提下，需要回填的土方宜就近堆放，多余的土方应运至弃土场地堆放。

6）对有回填密实度要求的工程，应进行试验检测须达到合格标准。

3.1.2 土建工程施工流程与注意事项

1. 基础施工

主要基础形式为钢筋混凝土基础。主要工序为扎筋、支模、预埋件安装、浇筑、拆模、养护。其施工准备包括：

1）选择准备基础施工机械和劳动力，根据方案对班组交底。

2）清除场内及坑内积水和坑内浮土、淤泥和杂物。

3）材料进场及送检。

4）采用钢木组合模板，支撑采用 ϕ48 mm×3.5 mm 钢管，扣件连接。要求接缝头拼缝严密扣件连接牢固，以保证混凝土浇筑的表面质量。

5）安装模板前，先复查地基垫层标高及中心线位置。混凝土施工时，脚手架不能搁置在基础模板上。

6）模板的拆除，必须在混凝土强度能保证构件不变形，棱角完整的情况下进行。

7）混凝土浇筑前，应先用水湿润模板，并将模板内的垃圾，杂物，油污清理干净。

8）混凝土浇筑后要及时覆盖麻袋，养护方法是在麻袋上浇水养护，保证混凝土表面湿润一周，使其充分达到设计强度。

9）混凝土预留孔洞及预埋管道、铁件要与混凝土施工同步进行，严禁事后打凿。

2. 土建工程的施工测量

工程施工测量将根据需求方提供的坐标点和高程控制点，结合总平面图和施工总平面布置图，建立适合本标段施工的平面控制网和高程控制网。各种控制点的设计、选点与埋设均应符合工程测量规范的要求。测量小组配备 2~3 人，配备全站仪、水准仪等设备，现场的平面控制采用全站仪进行施测，高程控制采用水准仪和全站仪，施工期间各控制点应加以保护，定期进行检查，防止其遭到损坏。所用测量器具在使用前都必须经计量授权的检定单位进行检定并达到合格标准。

建、构筑物平面控制要求平面控制网按Ⅰ级导线精度布设，Ⅱ级导线精度加密。

建、构筑物高程控制要求根据业主提供的高程控制点，在建、构筑物周围埋设适当数量的水准点，作为施工时标高测量的依据。

在施工过程中，要加强对轴线控制桩和水准点的保护，布设位置要合理，并且要进行保护，防止控制点被破坏。

3. 钢筋工程

钢筋工程的工艺流程如图3-1所示。

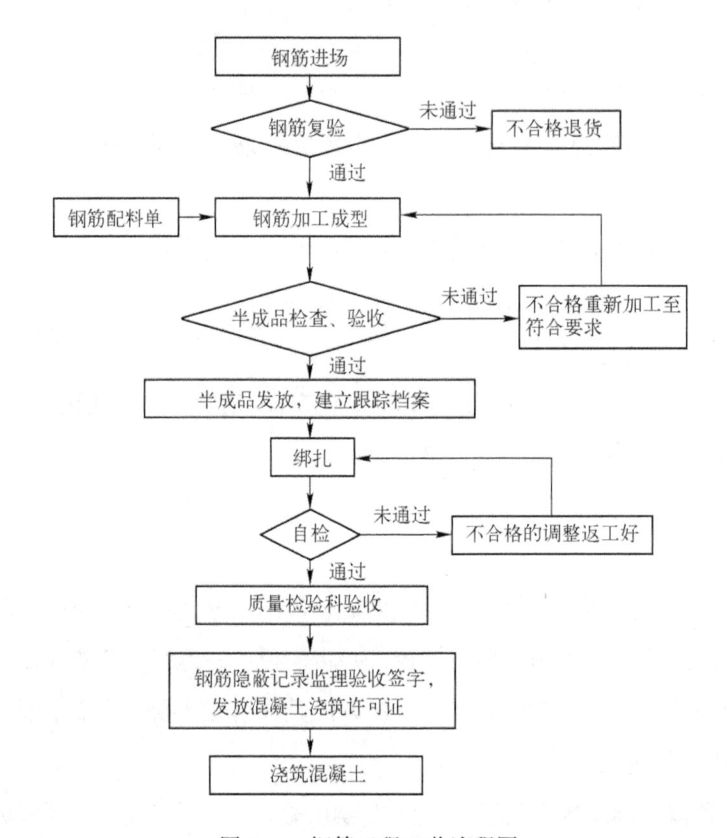

图3-1　钢筋工程工艺流程图

（1）钢筋原材料要求

工程所用钢材必须选用通过了ISO9001产品认证的大型钢厂生产的产品，并要有出厂证明，材质证书等质保文件。钢材进厂后，应先进行外观检查，防止有锈蚀、裂纹等，同时按批量进行机械性能试验，并经该工程监理和业主检验合格后方可使用。

（2）钢筋的下料、制作

钢筋在钢筋加工房集中制作，按分项工程编好钢筋下料表，制作人员按下料表上的数据尺寸将钢筋加工成半成品，分类编号并直接挂牌标识，运至现场绑扎。对临时不需要现场绑扎的钢筋应做好良好的防雨工作，以免其锈蚀。

（3）钢筋的绑扎

钢筋的接头采用绑扎、搭接焊等接头形式。采用搭接接头的钢筋其搭接长度应按设计要求进行。焊接连接时，必须按规定进行现场取样试验并达到合格标准。钢筋的绑扎应严格按图纸进行，保证其位置正确，间距一致，横平竖直。

4. 模板工程

在模板安装前先清理基层表面，用墨线弹出轴线及边线。施工过程中加强模板工程质量的检查、控制，每个部位必须有自检资料，模板工程必须保证结构的形状、尺寸和相对位置准确。模板间缝隙必须严密，表面清洁光滑，脱模剂涂抹均匀。为了避免产生漏浆现象，在模板接缝处应粘贴封口胶带，同时以此保证拆模后混凝土外观质量。

模板施工完毕后，必须对模板的轴线、标高、阴阳角、断面尺寸、垂直度、平整度进行认真仔细地复核，确保准确无误，验收合格后方可浇筑混凝土。

5. 混凝土工程

混凝土可考虑采用可移动的小型拌和机拌制，运输采用机动翻斗车和手推车，在适当地段采用搭设混凝土梭槽，人工入模振捣。在拌和机不能到达或运输较困难的地方，可采用混凝土输送泵输送。

在浇筑混凝土前，必须先对水泥、砂、碎石送检，其检验合格后方能使用。混凝土工程应根据设计要求委托厂区内试验室进行试配，经试配后根据试验室提供的混凝土配合比配制混凝土，混凝土的搅拌需配计量器由专人计量管理，严禁采用体积比换重量比配制混凝土等错误操作。混凝土试件必须在施工现场随机取样，以便准确地反映真实数据。

在混凝土浇筑前应检查保护层垫块是否完好无损，严禁用短钢筋代替混凝土垫块。施工缝应先凿毛，清理干净，刷一道素水泥浆，以便二次浇筑混凝土时能相互连成整体。在浇筑过程中应遵循“快插慢拔”的原则，浇筑上层混凝土时应将振动棒插入下层 10 cm 处，保证混凝土连续浇筑施工，确保混凝土无冷缝现象。

当室外平均气温连续 5 天低于 5℃时，应严格按照 GB 50204—2015《混凝土结构工程施工质量验收规范》的有关规定进行混凝土施工，加防冻剂。混凝土拆模后发现有蜂窝、麻面、孔洞、露筋时，必须通知有关单位进行见证后按提出的方法进行处理。浇筑完毕后应及时进行养护。混凝土工程的施工流程如图 3-2 所示。

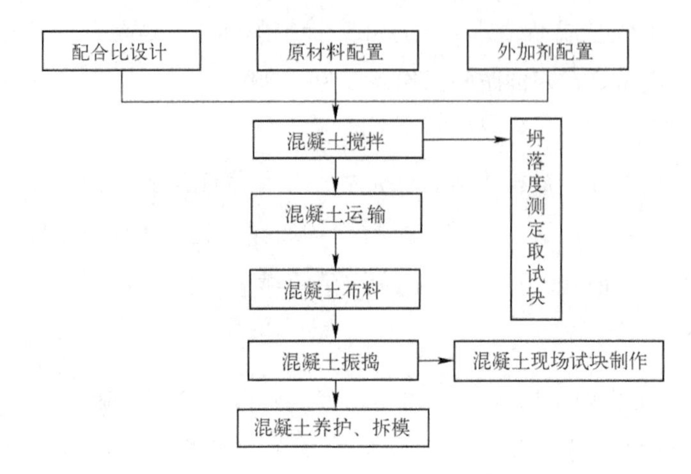

图 3-2　混凝土工程的施工流程

3.2　光伏支架的施工

光伏阵列支架的安装结构应该简单、结实耐用。制造安装光伏阵列支架的材料，要能够耐受风吹雨淋的侵蚀及各种腐蚀。电镀铝型材、电镀钢以及不锈钢都是理想的选择。支架的焊接制作质量要符合国家标准 GB 50205—2017《钢结构工程施工质量验收规范》的要求。阵列支架在符合设计要求下重量要尽量减轻，以便于运输和安装。

3.2.1　光伏支架施工要求

1. 支架的运输与保管要求

（1）在吊、运过程中应做的安全措施

在吊、运过程中应做好防腐、防振和防护面受损等安全措施。必要时可将装置性设备和易损元件拆下单独包装运输。当产品有特殊要求时，应符合产品技术文件的规定。

（2）设备到场后应做检查

1）开箱检查、型号、规格应符合设计要求，附件、备件应齐全。

2）产品的技术文件应齐全。

3）外观检查应完好无损。

4）保管期间应定期检查，做好防护工作。

（3）对安装人员的培训

安装人员应经过相关安装知识及技术培训。

（4）光伏发电站施工中间交接验收应符合的要求

1）光伏发电站施工中交接项目可包含支架基础、设备基础二次灌浆等。

2）土建交付安装项目时，应由土建专业填写《中间交接验收签证书》，并提供相关技术资料、交安装专业查验。

3）中间交接项目应通过质量验收，对不符合移交条件项目，移交单位负责整改至合格。

2. 支架零部件及支架基础的检查

（1）支架零部件的检查

支架安装前应按20%比列进行抽样，并根据图纸检查支架零部件的尺寸是否符合设计要求。检查其是否变形，出现变形应及时校正，无法校正者应进行更换。不允许其有倒刺和毛边现象。所有零部件均应按图纸设计要求进行表面防腐处理，保证其不生锈，不腐蚀。

（2）支架基础的检查

支架基础应按设计要求检查平面位置、几何尺寸、轴线、标高、基础安装面平整度、预埋螺栓、基础混凝土强度、桩基试验等是否符合设计要求，是否满足安装要求。办理完成交验手续，可进场施工。如基础施工与设计要求偏差较大，应先进行基础的纠偏，合格后再进行支架的安装工程。

3. 标准螺栓及组件的要求和质量检验

（1）标准螺栓及组件的要求

光伏组件支架连接紧固件必须符合国家标准要求，采用热镀锌件，达到保证其寿命和防腐紧固的目的。螺栓、螺母、平垫圈、弹簧垫圈数量、规格型号和品种应齐全，性能良好，符合设计要求。每个螺栓紧固之后，螺栓露出部位长度应为螺栓直径的2/3。

（2）工具准备工作

套筒扳手、开口扳手、梅花扳手、内六角扳手、水准仪、指北针、钢卷尺、力矩扳手、线绳、水平管、马凳、人字梯等必须符合工程施工需要及质量检测要求。

（3）交底培训

对施工班组进行本安装工程的安全、质量、工艺标准、工期、文明施工、工期计划、组织划分、协调等交底，并组织安排技能培训，进行考核上岗。做好交底、培训考核记录及签字工作。

（4）安装样板

在大面积施工前，必须先安装样板，样板经自检、专检合格，报监理、需求方验收合格达到设计、规范标准后，按样板展开正式的安装工程。

3.2.2 光伏支架施工流程及注意事项

1. 伏组件支架安装工艺要求

光伏组件支架安装由后立柱、前立柱、横梁、斜撑、斜梁、背后拉杆、连接件等组成，采用螺栓联接组成构架；电池组件采用压块与支架横梁连接，形成一个组单元整体。

其工艺流程是：作业准备→支架基础复测→安装样板→预拼装支架（包括后立柱、前立柱斜拉撑、纵梁、连接件等）→支架安装→前后横梁安装→立柱斜杆安装→检查调整→组件安装→检查调整。

（1）支架安装

将前、后柱的地脚螺栓孔放置在已施工完成的混凝土基础上的地脚螺栓上；检查前、后柱是否正确；调整前后柱长度方向中心线（混凝土基础轴线）与支柱中心线重合，用水准仪或水平管测量调整前后柱的水平度，用垂球调整立柱的垂直度。若桩基表面出现标高偏差，用垫块将前后柱垫平然后紧固地脚螺栓。垫块必须与前后柱脚底座焊接在一起。检查支架底平整度和对角线误差。并调整前后梁确保误差在规定范围内，用扳手紧固螺栓。

（2）横梁安装

按设计所要求的间距，以端头长度确定横梁位置，横梁螺栓要紧固，确保横平竖直，连接可靠。为了保证横梁上固定电池板的方正，应提前对横梁进行规方，进行对角线的测量调整，保证对角线偏差在允许偏差范围内。

（3）立柱斜拉杆安装后注意事项

立柱斜拉杆安装后，紧固立柱斜拉杆的拉杆螺栓使整个支架各部件保持均匀受力。安装后的光伏支架如图 3-3 所示。

2. 质量标准

其具体标准如下：

1）支架构件的材质、联接螺栓等必须符合设计及规范的要求。须检查材料出场合格证、检验报告单。

2）支架构架及整体安装符合标准规范，横平竖直、整齐美观，螺栓紧固可靠满足设计规范要求。

图 3-3　安装后的光伏支架

3）固定及手动可调支架安装的允许偏差详见表 3-1。

表 3-1　固定及手动可调支架安装的允许偏差

<table>
<tr><th>项　　目</th><th colspan="2">允许偏差/mm</th></tr>
<tr><td>中心线偏差</td><td colspan="2">≤2</td></tr>
<tr><td>垂直度（每米）</td><td colspan="2">≤1</td></tr>
<tr><td rowspan="2">水平偏差</td><td>相邻横梁间</td><td>≤1</td></tr>
<tr><td>东西向全长（相同标高）</td><td>≤10</td></tr>
<tr><td rowspan="2">立柱面偏差</td><td>相邻立柱间</td><td>≤1</td></tr>
<tr><td>东西向全长（相同轴线）</td><td>≤5</td></tr>
</table>

3.3　环境保护与水土保持

3.3.1　环境保护的方针、目标和一般规定

环境保护是我国的一项基本国策，光伏项目施工过程中需高度重视环境保护工作，建立环境保护责任制，加强宣传教育工作，自觉执行环境保护措施，在工程建设过程中防止和尽量减少对施工现场和周围环境的影响。施工方应自觉遵守国家和地方有关环境保护与水土保持方面的法律、法规和规章，按照有关环境保护、水土保持的合同条款、技术规范要求，认真做好工程影响区的环境保护与水土保持工作，接受国家和地方环境

保护与水土行政主管部门的监督检查，接受环保、水土保持综合监理的监督管理。

主体工程选址、建设方案及布局应满足水土保持的规定。项目区内未发现崩塌滑坡危险区及泥石流易发区，不存在生态脆弱区、国家划分的水土流失重点治理成果区以及县级以上人民政府规划确定的和已建的水土保持重点实验区、监测站点，不存在水土保持制约性因素。主体工程在建设过程中，扰动和破坏了原地貌、土地及植被，降低了原地貌、土地的抗蚀能力。特别是场地平整、基础开挖、道路建设等会使土层裸露，如遇暴雨，不可避免地会造成水土流失。主体工程设计的排水沟及绿化措施等具有水土保持功能的设施能满足水土保持要求，项目建设方案需有排水工程及植物覆种措施的设计，增加供电线路区水土保持措施设计，增加施工过程中的临时性防护措施设计，以增强水土流失防治效果。

1. 环境保护方针

保护和改善施工周边地区的生活环境和生态环境，防止污染和其他公害，保障参建人员的身体健康。

2. 环境保护目标

严格按国家和环保、水土保持部门有关规定进行施工，对施工弃渣、噪声、扬尘、振动、污水、废油、废气、固体废弃物等进行全面控制，最大限度减少施工活动对周边环境造成的不利影响。严格控制施工水污染，减少粉尘及空气、噪声污染，保持生态平衡，防止水土流失，创造良好的生态环境。

3. 环境保护一般规定

环境保护一般规定如下。

1）遵守国家、行业和部门有关环境保护的法律法规，按照合同规定做好环境保护工作。采取各种有效措施，防止由于工程施工造成施工区附近地区的环境污染和破坏，做好水土保持工作，防止水土流失。

2）建立环境保护机构，配备专兼职环境保护监视员，负责施工过程中对环境保护规定的检查、监督。加强环保教育，开工前组织全体施工人员学习有关环境保护的法律、法规和规章，提高施工人员的环境保护意识。

3）加强施工、生活区域的绿化。制定各种有效措施，针对施工和生活污水、施工弃料和生活垃圾、施工粉尘、施工噪声、施工排放废气污染制定相应处理措施，严格禁止随意排放污水和污物。

4）与施工区附近的居民和团体建立良好的关系。为受噪声骚扰的居民及团体提供投诉热线电话，并随时向他们通报工程进展情况。

5）加强水陆生物的保护，施工过程中加强对施工人员的教育，以保护岸边水生生物，特别是水陆珍稀物种，若发现珍稀物种应及时向当地有关部门报告。

3.3.2 施工中的环境保护

1. 光伏项目中涉及的重大环境因素

（1）施工生产废水和生活污水污染

光伏电站项目，特别是大型地面项目施工生产废水主要有：基坑废水、混凝土生产系统废水、机修废水、混凝土仓位的冲洗、混凝土浇筑养护和其他加工厂等生产过程中的废水；生活污水主要是施工人员生产办公、生活污水。

（2）固体废弃物污染

施工过程中的废弃物，生活垃圾等对环境造成的污染。

（3）大气污染

开挖作业时产生的硝烟、沙尘、车辆运输时引起的道路扬尘、车辆排放的尾气等会对大气造成污染。

（4）施工噪声污染

混凝土浇筑、各类施工机械、运输设备运行产生的和其他施工工地生产的噪声影响。

（5）油料污染

机械设备维修、保养所产生的废油，施工机械运行时油料渗漏对水源及土地产生的污染。

2. 电站施工过程中的环境保护措施

（1）大气环境保护措施

施工区较为严重的大气污染源主要是混凝土拌和系统和交通运输系统，对于混凝土拌和系统拟采用成套封闭式拌和楼进行生产，并配备除尘装置；对于交通运输产生的扬尘，考虑配备洒水车，施工期每日早、中、晚各洒水一次，以减轻污染的影响。

禁止在大风天进行此类作业以及减少建材的露天堆放是抑制这类扬尘的有效手段。此外，在建筑材料运输、装卸、使用等过程中应文明施工、文明管理，尽量避免或减少扬尘的产生，防止区域环境空气中的粉尘污染。

（2）声环境保护措施

为减少噪声污染，施工时选用的运输工具必须符合 GB 16170—1996《汽车定置噪声限值》和 GB 1495—2002《汽车加速行驶车外噪声限值及测量方法》，其他施工机械符合 GB 12523—2011《建筑施工场界环境噪声排放标准》，在噪声影响较大的施工作业区工作的施工人员需佩戴防噪声耳塞、耳罩或防噪声头盔等。

（3）固体废弃物处理措施

施工期产生的固体废弃物有两类，一类是施工活动产生的工程弃渣，另一类是施工人员生活垃圾。工程弃渣需集中运至渣场，确保最终不产生弃渣。因此，施工固体废弃物主要是施工人员产生的生活垃圾。生活垃圾要集中定点收集，纳入生活垃圾清运系统，不得任意堆放和丢弃，确保各类生活垃圾不被随意排放避免环境造成污染。

（4）生态环境保护措施

在施工建设过程中，通过采取规定车辆行驶路线、施工器材集中堆放等措施，尽量减少施工占地，并及时采取有效的临时防护措施，最大限度地减少对地表植被的破坏。施工结束后，对遗留的裸地、边坡等施工迹地，及时采取恢复措施。

3.3.3 施工中的水土保持

光伏电站建设过程中的水土流失主要存在于前期的场地平整，控制机房、生活区等建筑物的地基开挖、回填过程造成的土壤扰动及太阳能电池阵列单元支架和通信线缆的埋设过程中。建设区域植被往往比较稀疏，无任何乔木和大灌木，植被类型主要为野草。

为改善和美化厂区环境，减少灰尘，充分发挥草木特有的调温、调湿、吸尘的作用，在厂房及附属建筑物周围，以及道路两侧的空地均种植适于当地气候、易于成活、有一定观赏价值的树木、并种植草皮等。

项目建设时应减少地表大量堆放弃土，降低风蚀的影响，保护该区域的植被生长，避免因工程建设造成新的水土流失，以及植被的大量破坏，通过该项目的建设使该区域局部水土保持现状并使生态环境进一步得到改善。在土建施工过程中，场区内部被扰动的地表，采取砾石覆盖措施，保护已被扰动的裸露地表，减少施工期的水土流失。

施工结束后，施工单位必须对施工场地及施工生活区进行土地整治，拆除临时建筑物并将建筑垃圾及时运往城市建筑垃圾场堆放，避免产生新的水土流失。

3.4 本章小结

3.4.1 知识要点

序　号	知 识 要 点	收获与体会
1	光伏电站土建工程的施工要求	

（续）

序　号	知 识 要 点	收获与体会
2	混凝土施工的流程与施工要求	
3	光伏支架的施工与安装要求	
4	光伏支架安装的质量验收标准	
5	环境保护和水土保持的主要法律依据	
6	光伏项目中涉及的重大环境因素	
7	电站施工过程中的环境保护措施	

3.4.2　思维导图

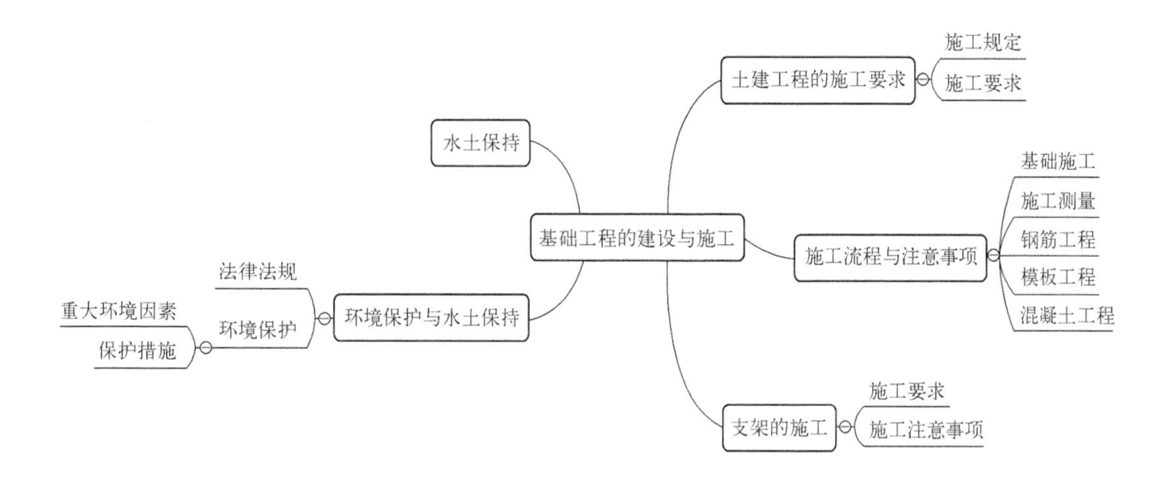

3.4.3　思考与练习

1）光伏电站土建工程的施工的一般施工范围包含哪些内容？

2）混凝土施工的流程与施工要求是什么？

3）光伏支架的施工与安装要求是什么？

4）光伏支架安装的质量验收标准有哪些？

5）环境保护和水土保持的主要法律依据是什么？

6）光伏项目中涉及的重大环境因素有哪些？

7）电站施工过程中的环境保护措施主要包含哪几个方面？

第4章　主要电气设备的安装

【学习目标】

- 了解光伏组件的型号及主要参数，能够正确选择适合的组件类型并进行来料检测。
- 熟悉光伏组件的安装要求并能够进行光伏组件的安装。
- 了解光伏汇流箱的性能参数并能够正确进行电气连接。
- 了解逆变器的工作原理并能够正确进行电气连接。
- 了解变压器的类型及入网电压等级。
- 了解无功补偿机制。
- 了解二次电气系统的含义并能够进行主要设备的电气连接。
- 熟练掌握光伏电缆敷设的工艺要求。
- 能够正确对光伏设备进行接地防雷。

【学习任务描述】

在土建工程和支架系统安装完毕之后进行电气设备的安装，包括光伏组件、汇流箱、交直流配电柜、逆变器、升压变压器、继电保护设备以及高低压电缆的敷设。电气设备安装涉及的箱体应有足够的机械强度，周边平整无损伤，箱内各种器具应安装牢固，导线排列整齐、压接牢固，有产品合格证明书（证）；所涉及导线的型号规格必须符合设计要求，并有产品合格证明书（证）；使用的仪器仪表、熔体、端子板、绝缘子、铝套管、卡片框、软塑料管、塑料带、黑胶布、防锈漆、灰漆、焊锡、焊剂等应符合设计要求。

4.1　光伏组件的安装

4.1.1　光伏组件的选型与检测

1. 选型原则

光伏组件选型应遵循“性能可靠、技术先进、环境适配、经济合理、产品合规”

的基本原则。针对电站生命周期内对组件安全和发电性能的要求，组件及其材料和部件的可靠性、耐久性、一致性应通过严格的测试、认证和实证，组件生产企业对组件及其材料和部件的采购及生产过程应具备质量管控能力。在保证可靠性的前提下，组件及其材料的性能和稳定性、生产技术及对组件性能与质量的保证能力应达到国内先进水平。

针对当地的地理、太阳能资源和气象条件，组件及其材料和部件的类型、结构、性能的选择，需根据不同地区的环境条件，补充和完善环境适配性方面的特殊要求；另外，应综合考虑项目的投入和产出。所规定的技术要求要做到技术上可行，环境上适配，经济上合理。除通用的性能要求，针对当地的条件，选用的组件应通过特定项目的测试、认证或验证。

组件使用寿命不应低于 25 年，组件企业应提供 25 年期的质保书及“产品质量及功率补偿责任保险”。质保书中标准测试条件下的最大输出功率可采用阶梯或线性质保。采用阶梯质保应包括质保起始日后的第 1 年、2 年、5 年、10 年、25 年的功率保证值；线性质保应包括质保起始日后第 1 年及其后每年的平均衰减率。无论采用何种质保形式，标准测试条件下的最大输出功率正偏差交货时，以标称功率为比较基准，参照 GB/T 2828. 1—2012 中一般 I 类检验水平进行抽样测试，剔除有明显缺陷的组件，质保起始日（注意：宜为组件安装之日）后各时间段的功率衰减不宜超过表 4-1 规定的正常水平。

表 4-1　组件功率平均衰减率正常值

组件类型	1 年	3 年	5 年	10 年	25 年
单晶硅组件	2. 00%	3. 78%	5. 56%	10%	20%
多晶硅组件	2. 00%	3. 78%	5. 56%	10%	20%
双玻组件	第 30 年不超过 20%				

功率衰减的比较基准为出厂标称功率，计算公式为

$$衰减率=(标称功率-实测功率)/标称功率\times100\%$$

2. 组件类型和主要技术参数

晶体硅光伏组件根据电池片类型可以分为单晶硅组件和多晶硅组件，根据封装形式可以分为常规组件和双玻组件。晶体硅光伏组件基本技术参数包括外形尺寸、发电性能参数和机械性能参数，常规组件的主要技术参数示例详见表 4-2。

表 4-2 晶体硅光伏组件基本技术参数示例

类 型	技 术 参 数	多晶硅组件示例			单晶硅组件示例		
外形尺寸	组件外形尺寸图						
发电性功能参数	最大输出功率 P_m/W	255	260	…	265	270	…
	功率误差/%	0/+3					
	最大工作电压 U_{mp}/V	30.0~30.8	30.3~31.1	…	30.1~31.2	30.5~31.4	…
	最大工作电流 I_{mp}/A	8.28~8.59	8.37~8.50	…	8.50~8.79	8.60~8.85	…
	开路电压 U_{oc}/V	37.7~38.1	37.7~38.2	…	38.2~38.5	38.4~38.6	…
	短路电流 I_{sc}/A	8.88~9.01	8.98~9.09	…	9.00~9.37	9.09~9.43	…
	转换效率 η/%	15.58~15.60	15.89~15.90	…	16.19~16.21	16.50~16.51	…
	最大系统电压/V	1000					
	工作温度范围/℃	-40~+85					
	最大功率 P_m 温度系数 T_k/(%/℃)	-0.43~-0.4			-0.42~-0.40		
	开路电压 U_{oc} 温度系数 T_k/(%/℃)	-0.33~-0.30			-0.34~0.29		
	短路电流 I_{sc} 温度系数 T_k/(%/℃)	+0.05~+0.06			+0.04~0.05		
	最大熔体额定电流/A	15					
机械性能参数	组件尺寸(长×宽×高)/(mm×mm×mm)	1650×990×40					
	组件重量/kg	18.2~19.0					
	抗风强度/(kN/m^2)	2.4					
	电缆规格(截面积/长度)/(mm^2/mm)	4/1000					

除此之外，为了满足组件的经济性、可靠性、技术先进性、适配性等要求，需要考虑晶体硅组件的基本技术要求，包含电性能要求、外观及电致发光（EL）要求和安全性要求等；特定环境条件技术要求；关键原材料和零部件要求和组件质量保证要求。

3. 光伏组件的检测

（1）外观检测

组件企业须在包装前对组件产品进行100%外观检查。要求在不低于1000lx等效照度下进行目测检查。如需测量长度、面积等，须使用满足测量精度要求的长度测量器具进行测量。组件的外观检测项目及要求如下。

1）组件。

- 组件无破损，整体颜色均匀一致，同一电池片内及同一组件中的不同电池片间不可出现明显色差，其中单晶硅电池片只能存在一种颜色，多晶硅电池片只能允许存在两种颜色（不包括过渡色）。
- 在电池区域以外允许直径≤1 mm 的层压气泡≤4 个，且气泡不得使组件边缘与带电体之间形成连通。
- 在电池区域以外允许面积≤2 mm^2，且长度≤5 mm 的锡丝锡渣数量≤2 个。
- 不允许组件材料外的任何异物。
- 双玻组件前后玻璃错位不超过 2 mm。

2）玻璃。

- 玻璃表面应整洁、平直，无明显划痕、压痕、皱纹、彩虹、裂纹、不可擦除污物、开口气泡等缺陷。
- 长度≤5 mm，宽度≤0.1 mm 的划痕数量≤3 条/m^2；同一组件允许数量≤5 条。
- 不允许直径>2 mm 的圆形气泡，0.5 mm≤长度≤1.0 mm 圆形气泡不超过 5 个/m^2，1.0 mm≤长度≤2.0 mm 圆形气泡不超过 1 个/m^2，0.5 mm≤长度≤1.5 mm 长形气泡数量不超过 5 个/m^2，1.5 mm≤长度≤3.0 mm 且宽度≤0.5 mm 的长形气泡不超过 2 个/m^2。
- 不允许固体夹杂物；对镀膜玻璃，45°斜视玻璃表面，无七彩光，无压花印。

3）电池。

- 所有电池片尺寸一致，误差范围在 0.1%以内。
- 电池片表面颜色均匀，无裂纹、破碎、针孔，无明显色斑、虚印、漏浆、手印、水印、油印、脏污等。
- 不允许 V 型崩边、缺角，且崩边、缺角不能到达栅线。
- U 型崩边长度≤3 mm，宽度≤0.5 mm，深度≤1/2 电池片厚度。单片电池片数量≤1处，同一组件内崩边电池片数量≤2 个。
- U 型缺角长度≤5 mm，深度≤1.5 mm，单片电池片内数量≤1 处；长度≤3 mm，深度≤1 mm，单片电池片内数量≤2 个。
- 划痕长度≤10 mm，单片电池片划痕数量≤1 条，同一组件内崩边电池片数量≤2 个。
- 栅线颜色一致，无氧化、黄变，不允许主栅缺失，断栅长度≤1 mm，单片电池片断栅数量≤3 条，同一组件断栅电池片≤2 个，不允许连续性断栅。

- 助焊剂印≤10 mm^2，单片电池片助焊剂印数量≤2 处，同一组件有助焊剂印电池片≤5 处。
- 焊带偏移量≤0. 3 mm，数量<3 处，主栅线与焊带之间脱焊长度<5 mm。
- 电池片、串间距偏移量≤0. 5 mm，电池片到铝边框距离>3 mm。

4）焊带。

- 焊带银亮色，且颜色一致，无氧化、黑点、黄变。
- 互连条与汇流带连接处，互连条/汇流带超出距离<2 mm；相邻单体电池间、汇流带与电池间、相邻汇流带间间距>1 mm。
- 互连条与汇流带的焊接浸润良好，焊接可靠。

5）边框。

- 表面整洁平整、无破损，无色差，无明显脏污、硅胶残留等。
- 具备完整的接线孔和安装孔，长度、位置正确。
- 无线状伤、擦伤、碰伤（含角部）、机械纹、弧坑、麻点、起皮、腐蚀、气泡、水印、油印及脏污等现象，边缘无毛刺，不允许直径大于 1 mm 的金属碎屑。
- 正面划痕长度<5 mm，深度<0. 5 mm，允许 2 个/m^2；长度<10 mm，深度<0. 5 mm，允许 1 个/m^2。
- 背面划痕长度<10 mm，深度<0. 5 mm，允许 2 个/m^2；长度<15 mm，深度<0. 5 mm，允许 1 个/m^2。
- 同一组件允许 5 处正面划痕，10 处背面划痕；不允许长度超过 15 mm 或深度超过 0. 5 mm 的划痕。
- 边框安装尺寸对角线不超过公差要求±2 mm，边框安装未对齐不超过 1 mm。

6）背板。

- 颜色均匀，不允许明显划痕、碰伤、鼓包，不允许背板孔洞、撕裂，电池片外露等缺陷。
- 深度≤0. 5 mm，最大跨度≤15 mm 的凸起（或凹坑）数量≤2 个/m^2。
- 长度<10 mm 的背板褶皱不超过 5 个，长度<20 mm 的褶皱不超过 2 个，不允许长度>20 mm 的褶皱，背板褶皱深度≤1 mm。
- 不允许长于 20 mm 的明显刮痕。
- 背板与玻璃边缘无明显缝隙，背板凹痕小于一个电池片的面积，且凹痕未延伸至玻璃边缘。

- 背表面沾污直径≤5 mm，宽度≤1 mm 及长度≤50 mm，不超过 2 处/m^2。

7）硅胶。

- 表面均匀一致、平整光滑无裂缝，无气泡和可视间隙，颜色没有明显黄变或异常。
- 组件背面四周可见硅胶溢出，拐角密封处必须要有硅胶溢出，接线盒硅胶均匀溢出且与背板无可视缝隙；不允许断胶。

8）胶带。

- 黏合牢固，光滑无凸翘。
- 拐角密封处必须要有胶带密封，胶带不超出正面铝边框边缘，胶带超出背面铝边框边缘≤2.0 mm，不允许断胶。

9）接线盒。

- 外观平整光滑、色泽均匀，无缺损、无机械损伤、无裂痕斑点、无收缩痕，无扭曲变形，浇口平整无飞边，无明显脏污、硅胶，字体和图标清晰准确完整，端子正负极性标识正确清楚。
- 接线盒与电缆连接可靠，上下盖连接可靠，密封圈黏结可靠，无脱落卡扣及连接上下壳体的扎扣完好牢靠。
- 接线盒底座硅胶与背板黏结牢固，无起翘现象，无可视缝隙。
- 汇流带从背板引出美观无扭曲、长度适中，相邻两根汇流带不得相互接触。
- 引出线根部应该用硅胶均匀的完全密封。
- 二极管正负极性正确，连接器有明显的极性标志。
- 连接公母头接触良好，有良好的自锁性，用手拉动无松脱现象。

10）标识。

- 条形码清晰正确，不遮挡电池，可进行条码扫描。
- 铭牌标签清晰正确、耐久，包含制造商名称、代号或品牌标志、组件类型或型号、组件的生产序列号。
- 组件适用的最大系统电压，按照 GB/T 9535—1998《地面用晶体硅光伏组件 设计鉴定和定型》规定的安全等级，标准测试条件（STC）下的开路电压、短路电流、IEC 61730.2—2004《光伏组件安全认证 第 2 部分：实验要求》中 MST26 验证的最大过电流保护值，产品应用等级等。

11）包装。

- 包装箱无破损、潮湿、变形，打包带无断裂，托盘无发霉、开裂、破损，包装箱无移位，平均放在托盘内。

● 包装箱外标签与箱内实物一一对应。

● 包装箱内组件具有完好的防止磕碰的保护措施。

（2）EL 检测

组件企业须在层压工序前后分别使用电致发光（EL）测试仪对所有组件进行测试，并在包装前不低于 GB/T 2828.1—2012《计数抽样检验程序 第 1 部分：按接收质量限（AQL）检索的逐批检验抽样计划》中 S-1 抽样比例进行 EL 抽检。要求 CCD 红外相机像素不低于 600 万，CMOS 红外相机像素不低于 1000 万。光伏组件 EL 缺陷示例参考附录 C，其具体判定准则见表 4-3。

表 4-3 EL 测试结果判定准则

项　　目	测 试 要 求
组件	组件在线 EL 测试后电池片外观、发光性均良好，不允许有裂片/碎片、黑心片、局部短路或短路情况存在
隐裂	不允许隐裂或裂纹
断栅	不允许 3 条以上的连续性断栅，不允许贯穿主栅线与电池片边缘的断栅，同一电池不允许超过 2 处断栅； 组件内允许电池片内断栅导致失效面积≤2%的电池片的数量≤5 片； 组件内允许电池片内断栅导致失效面积≤3%的电池片的数量≤3 片
明暗片	不允许不同档位电池片混用； 不允许灰度值相差 50%以上的明暗片； 组件内允许出现明暗片数量不超过 3 片
黑斑	组件允许电池片内黑斑面积≤1/12 的电池片的数量≤5 片； 组件允许电池片内黑斑面积≤1/9 的电池片的数量≤3 片； 组件允许电池片内黑斑面积≤1/6 的电池片的数量≤1 片
其他	同一片电池片不允许超过 2 个黑角，组件允许电池片内黑角面积≤5%的电池片的数量≤3 片； 同一片电池片不允许超过 2 个黑边，组件内允许电池片内黑边面积≤5%的电池片的数量≤5 片

（3）光伏组件应满足的其他要求

组件主要性能参数在标准测试条件下（大气质量 AM 1.5、1000 W/m^2 的辐照度、25℃的电池工作温度）要求满足相关标准和法规要求、行业的准入条件、产业政策。

组件具备较好的低辐照性能，应提供 200～1000 W/m^2 的组件 IV（电流与电压）测试曲线和测试数据。

同一规格同一功率组件成品应按照电流分档，分档精度不低于 0.1 A，并在组件及其外包装做好相应标识。

组件的绝缘强度应满足标准 IEC 61215—2005《地面用晶体硅光伏组件—设计鉴定和定型》中的相关要求。组件应具备良好的抗潮湿能力，组件在雨、雾、露水等户外条件下能正常工作，满足绝缘性能相关标准要求。湿漏电流试验同样需满足 IEC 61215 标准相关规定，以适应现场环境要求。

4.1.2 光伏组件的安装流程及注意事项

1. 光伏组件及配件的质量检验

光伏组件及配件的质量检验的具体规定如下：

1）光伏组件支架连接紧固件必须符合国家标准要求，采用热镀锌件，达到保证其寿命和防腐紧固的目的。螺栓、螺母、平垫圈、弹簧垫圈数量、规格型号和品种应齐全，性能良好，符合设计要求。每个螺栓紧固之后，螺栓露出部位长度应为螺栓直径的2/3。

2）工具包括套筒扳手、开口扳手、梅花扳手、内六角扳手、水准仪、指北针、钢卷尺、力矩扳手、线绳、水平管、马凳、人字梯等，这些必须符合工程施工需要及质量检测要求。

3）对施工班组进行本安装工程的安全、质量、工艺标准、工期、文明施工、工期计划、组织划分、协调等交底，并组织安排技能培训，考核上岗。做好交底、培训考核记录及签字工作。

4）安装样板：在光伏电站大面积施工前，必须先安装样板，样板经自检、专检合格，报监理、需求方验收合格，达到设计、规范标准后，再按样板开展正式的安装工程。

2. 光伏组件安装的质量标准

光伏组件安装的具体质量标准如下：

1）支架构件的材质、连接螺栓等必须符合设计及规范的要求。应检查材料出场合格证、检验报告单。

2）支架构架及整体安装标准规范，横平竖直、整齐美观，螺栓紧固可靠满足设计规范要求。

3. 光伏组件安装

（1）安装总体要求

光伏组件安装注意事项如下：

1）组件的运输与保管应符合制造厂的专门规定。电池组件开箱前，必须通知厂家、监理、业主一起到现场进行开箱检查，要对照合同、设计、供货单检查组件的尺寸、品牌、合格证、技术参数、外观等仔细检查，并组织做好开箱检查见证记录工作，检查合格后方可使用。

2）组件安装前支架的安装工作应通过质量验收。组件的型号、规格应符合设计要求。组件的外观及各部件应完好无损，安装人员应经过相关安装知识培训和技术交底。

3）光伏组件安装应按照设计图样进行。组件固定螺栓的力矩值应符合制造厂或设计文件的规定。组件安装允许偏差应符合表 4-4 的规定。

表 4-4 组件安装标准及检验方法

序号	检查项目		质量标准	检验方法及器具
1	组件安装	倾斜角度偏差	按设计图样要求或≤1°	角度测量尺（仪）
		组件边缘高差	相邻组件间≤1 mm	钢尺检查
			东西向全长（同方阵）≤10 mm	钢尺检查
		组件平整度	相邻组件间≤1 mm	钢尺检查
		组件固定	东西向全长（同方阵）≤5 mm	钢尺检查
			紧固件紧固牢靠	扭矩扳手检查
2	组件连线	串联数量	按设计要求进行串联	观察检查
		接插件要连接	插接牢固可靠	观察检查
		组串电压、极性	组串极性正确，电压正常	万用表测量

（2）组件安装要求

光伏组件的安装应符合下列要求：

1）光伏组件应按照设计图样的型号、规格进行安装。

2）光伏组件固定螺栓的力矩值应符合产品或设计文件的规定。

3）光伏组件安装允许偏差应符合表 4-5 的规定。

表 4-5 光伏组件安装允许偏差

项目	允许偏差
角度偏差	±1°
光伏组件边缘高度	相邻光伏组件间≤2 mm
	同组光伏组件间≤5 mm

（3）接线要求

组件之间的接线应符合以下要求：

1）光伏组件连接数量和路径应符合设计要求。

2）光伏组件间接插件应连接牢固。

3）外接电缆同插件连接处应搪锡。

4）光伏组件进行组串连接后应对光伏组件串的开路电压和短路电流进行测试。

5）光伏组件间连接线可利用支架进行固定，并应整齐、美观。

6）同一组光伏组件或光伏组件串的正负极不应短接。

7）严禁触摸光伏组件串的金属带电部位。

8）严禁在雨中进行光伏组件的连线工作。

(4) 检验标准

光伏支架电池板安装检验标准，详见表4-6。

表4-6　光伏组件电池板安装检验标准

项　目	要　求	检查方法
外观检测	无变形、无损伤、不受污染无侵蚀	目测检查
支架安装	支架稳固可靠，表面处理均匀，无锈蚀	实测检查
螺栓力矩	M10为45N·m；M12为80N·m	实测检查
光伏电池板	无变形、无损伤、不受污染无侵蚀，安装可靠	目测检查

4. 光伏组件安装注意事项

注意事项如下：

1）施工过程，严禁踩踏电池板，最大限度地避免对于组件安装的野蛮施工行为，设计单位要充分考虑到组件安装预留通道事宜，不可盲目的为了追求装机容量而使电站建设的高质量受影响。

2）严禁挤压或用尖锐物敲打、碰撞、刮划光伏组件任何部位。

3）严禁安装工具随意在光伏组件上摆放、碰触。

4）严禁触摸光伏组件的金属带电部位。

5）严禁将同一片光伏组件连接线的正、负极插头对接。

6）严禁采用提拉接线盒或连接件的方式将组件抬起。

7）严禁在下雨、下雪、大风天气条件下安装光伏组件。

8）严禁单人搬运光伏组件，其必须由两人抬运，且要轻拿轻放，避免组件受到大的震动，从而造成光伏组件隐裂。

9）同尺寸、同规格型号的光伏组件才可串联在一起。

10）光伏组件出现损伤时禁止使用。

11）施工现场已开箱电池组件需正面朝上平放，底部垫有木质托盘和电池板包装物，严禁立放、斜放或悬空。

12）严禁将组件的背面直接暴露在阳光下。

4.2　汇流箱的安装

在地面光伏发电系统中，数量庞大的光伏电池组件进行串并组合达到需要的电压电流值，光伏汇流箱就要对光伏组件阵列的输入进行一级汇流，从而减少组件阵列接入到逆变器的连线，优化系统结构，提高可靠性和可维护性。用户可以根据逆变器输入的直流电压的范围，把一定数量的规格相同的光伏组件串联组成一个光伏组件串列，再将若干串列接入光伏智能防雷汇流箱进行汇流，使其通过防雷器与断路器后输出，从而方便了逆变器的接入。光伏汇流箱同时具备汇流防雷和光伏阵列运行状态监控功能，能够对汇流后电流、电压、功率、防雷器状态、直流断路器状态进行采集，并通过 RS485 接口，可以把测量和采集到的数据上传到监控系统。

4.2.1　汇流箱的技术要求

1. 汇流箱总体要求

其总体要求如下：

1）汇流箱箱体应采用不低于 Q235 冷轧钢板弯制而成，冷轧钢板厚度不小于1.5 mm。箱体结构应密封、防尘、防潮，应有足够的强度和刚度，应能承受所安装元器件及短路时所产生的动、热稳定冲击，同时不因运输等情况而影响设备的性能，且便于运行维护。

2）防雷汇流箱外壳防护等级不低于 IP65，因防雷汇流箱箱体的光伏阵列电缆中的电流从进线孔进，从出线孔直流输出，接地线引出电缆孔和通信电缆接线孔均采用 IP68 防护等级的电缆接头。

3）汇流箱内布线应整齐美观，便于检修和安装。端子排额定电压不低于 DC 1000V，应具有隔板、标号线套和端子螺钉。每个端子排均标以编号，端子选用阻燃型端子。汇流箱外观及底端引线孔如图 4-1 所示。

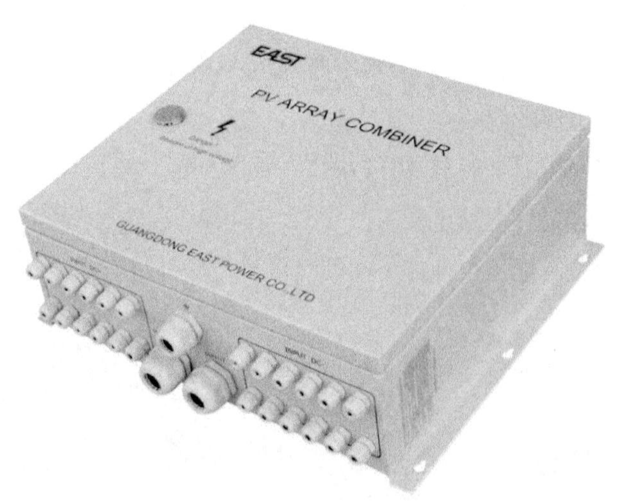

图 4-1　汇流箱外观及底端引线孔

4）汇流箱的箱体框架和所有设备的其他不载流金属部件（包括直流防雷器和通信模块防雷器）都应和接地母线可靠连接，柜体的接地端子应以截面不小于 4 mm^2的多股铜线与接地母线直连。

5）箱体应允许从底部进入电缆，设有光伏阵列电线或电缆进线孔。并设有供汇流电缆进出柜体的防水端子，且配有接地线和通信线引接电缆孔。箱内布线整齐美观，端子排应面向门安装，以便于检修及安装。端子排额定电压不低于1000V，应具有隔板、标号线套和端子螺钉，每个端子排均标以编号。汇流箱熔断器安装底座使用全密封的绝缘底座。箱内出线，熔断器外侧应设有汇流母排，汇流母排载流量不低于250A。留有两回电缆接线端子。箱体正面应留有标识牌位置，可标识汇流箱编号。

6）汇流箱内部装置的布置应充分考虑安装、调试、维护、更换及运行的要求，接插件和断路器应动作可靠、接触良好、不松动。

7）汇流箱采用立式，安装方式采用光伏支架挂式。

2. 汇流箱参数性能要求

具体性能要求如下：

1）汇流箱内部所有电气回路耐压值不低于DC 1000V，光伏智能汇流箱主回路应采用载流量≥250A的铜排连接。

2）汇流箱内应配置开关电源，为箱内供电设备。直流电源取自组串，发包人不再提供其他电源，开关电源耐压值不低于DC 1000V。

3）在电路与裸露导电部件之间，每条电路对地标称电压的绝缘电阻应不小于1000Ω/V。

4）汇流箱具有每路进线电流监控功能，并通过RS-485接口将PV（光伏）电池组串电流测量、PV电池组串故障告警和定位等其他信息上传至监控系统，以方便人员监视和对设备进行维护。

5）供电模式为自供电DC 200~1000V。

6）电流检测为采样处理0~16路PV电池板电流（0~20A）。

4.2.2 光伏汇流箱的安装与连接

1. 汇流箱电器安装注意事项

安装注意事项如下：

1）只有专业的电气或机械工程师才能进行操作和接线。

2）所有的操作和接线必须符合所在国家和当地的相关标准要求。

3）安装时，除接线端子外，请不要接触机箱内部的其他部分。

4）汇流箱安装前，用兆欧表对其内部各元器件进行绝缘测试。

5）箱内元器件的布置及间距应符合有关规程的规定，应保证调试、操作、维护、检修和安全运行的要求。

6）输入/输出均不能接反，否则后级设备可能无法正常工作甚至会损坏其他设备。

7）将光伏防雷汇流箱按原理及安装接线框图接入光伏发电系统中后，应将防雷箱接地端与防雷地线或汇流排进行可靠连接，连接导线应尽可能短直，且连接导线截面积不小于 16mm² 多股铜芯。接地电阻值应不大于 4Ω，否则，应对地网进行整改，以保证防雷效果。

8）对外接线时，请确保螺钉紧固，防止接线松动发热燃烧。确保防水端子拧紧，否则有漏水导致汇流箱故障的危险。

9）在箱内或箱柜门上粘贴牢固的不褪色的系统图及必要的二次接线图。

10）配线要求使用阻燃电缆，要排列整齐、美观，安装牢固，导线与配置电器的连接线要有压线及灌锡要求，应外用热塑管套牢，确保接触良好。

2. 对外接线端子

汇流箱的输入/输出以及通信、接地等对外接口位于机壳的下部，如图 4-2 所示。

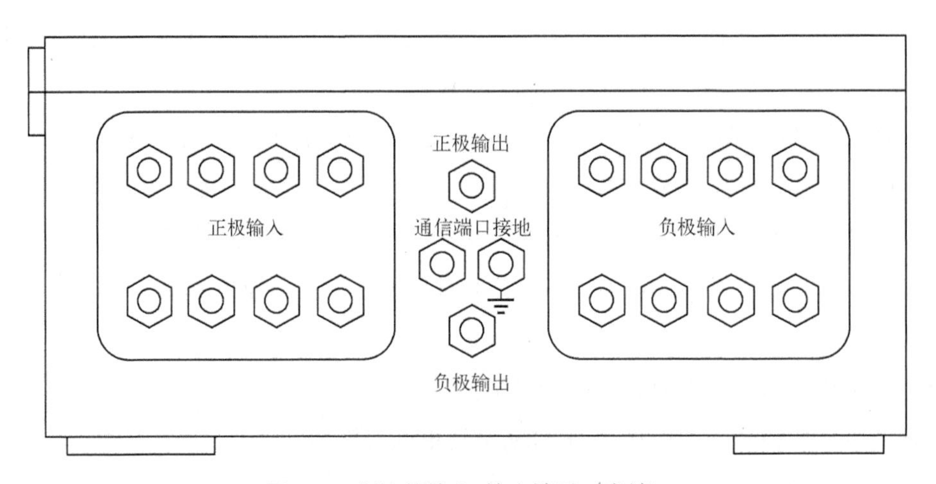

图 4-2　汇流箱输入/输出端子（底端）

3. 输入接线

具体输入路数由所用机型决定。注意与光伏组件输出正极的连线输入位于底部的左侧，而与光伏组件输出负极的连线位于底部的右侧。

4. 输出连线

输出包括汇流后直流正极、直流负极与接地，接地线为黄绿色。

5. 通信接线

通信电缆接线孔应采用 IP68 防护等级的电缆接头，通信口为 RS-485，通用线缆截面积为 0.75 mm^2。当前的汇流箱除具备防雷监控、电能汇流监控功能外，还往往具备汇流箱失效报警、无线数据传输等功能。

4.3 逆变器的安装

4.3.1 逆变器的技术要求

一般地面光伏电站采用设备功率为 50~630 kW 的集中逆变器，系统拓扑结构采用 DC-AC（直流-交流）一级电力电子器件变换全桥逆变，工频隔离变压器的方式，防护等级一般为 IP20。体积较大，室内立式安装，大量并行的光伏组串被连到同一台集中逆变器的直流输入端，同时使用 DSP 转换控制器来改善所产出电能的质量，让它非常接近于正弦波电流。

逆变器通过三相全桥变换器将光伏阵列输入的直流电变换为交流电，并通过滤波器滤波成正弦波电流，然后通过变压器匹配后并入电网发电。其拓扑结构如图 4-3 所示。

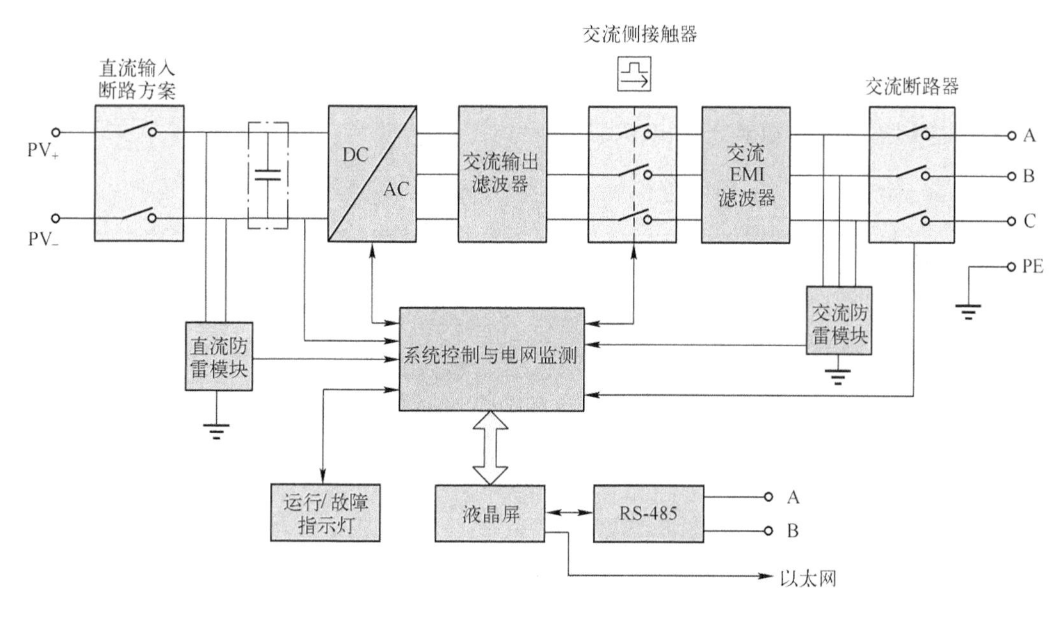

图 4-3　光伏逆变器的拓扑结构

1. 额定输出电压

在规定的输入直流电压允许的波动范围内，它表示逆变器应能输出的额定电压值。对输出额定电压值的稳定准确度一般有如下规定：

1）在稳态运行时，电压波动偏差范围应不超过额定值的±3%或±5%。

2）在负载突变（额定负载0%→50%→100%）或有其他干扰因素影响的动态情况下，其输出电压偏差不应超过额定值的±8%或±10%。

2. 输出电压的不平衡度

在正常工作条件下，逆变器输出的三相电压不平衡度（逆序分量对正序分量之比）应不超过一个规定值，一般以%表示，如5%或8%。

3. 输出电压的波形失真度

当逆变器输出电压为正弦度时，应规定允许的最大波形失真度（或谐波含量）。通常以输出电压的总波形失真度表示，其值不应超过5%（单相输出允许值为10%）。

4. 额定输出频率

逆变器输出交流电压的频率应是一个相对稳定的值，通常为工频50 Hz。正常工作条件下其偏差应在±1%以内。

5. 负载功率因数

表征逆变器带感性负载或容性负载的能力。在正弦波条件下，负载功率因数为0.7~0.9（滞后），额定值为0.9。

6. 额定输出电流（或额定输出容量）

表示在规定的负载功率因数范围内逆变器的额定输出电流。有些逆变器产品给出的是额定输出容量，其单位以VA或kVA表示。逆变器的额定容量是当输出功率因数为1（即纯阻性负载）时，额定输出电压与额定输出电流的乘积。

7. 额定输出效率

逆变器的效率是在规定的工作条件下，其输出功率对输入功率之比，以%表示。逆变器在额定输出容量下的效率为满负荷效率，在10%额定输出容量下的效率为低负荷效率。

8. 具有的软启动等功能

具有最大功率点跟踪（MPPT）及软启动的功能。

9. 所具有的保护功能

光伏逆变器应具有过电压/欠电压保护、过频/欠频保护、过电流保护、短路保护、极性反接保护、恢复并网、反放电保护、孤岛效应保护等。

10. 起动特性

表征逆变器带负载起动的能力和动态工作时的性能。逆变器应保证在额定负载下可靠起动。

11. 噪声

电力电子设备中的变压器、滤波电感、电磁开关及风扇等部件均会产生噪声。逆变器正常运行时，其噪声应不超过 80 dB。

4.3.2 逆变器的安装流程及注意事项

1. 逆变器安装环境要求

逆变器设计为了室内应用，应将其安装在通风良好、凉爽、干燥，清洁的机房室内环境中，逆变器正常工作时由内部风扇提供强制风冷，冷风通过机柜正面风栅进入逆变器内部，并通过逆变器顶部或后部的风道排出热风。为确保室内工作的逆变器能够有效散热，机房内应对逆变器的冷却进风和排出热风进行有效分隔。逆变器进风与出风风道必须独立于机房内其他设备的进出风风道，为确保逆变器散热效果，其运行环境要求详见表 4-7。

表 4-7　光伏逆变器运行环境要求

项　　目	正 常 范 围
工作温度	-30~55℃
存储温度	-40~70℃
相对湿度	5%~95%，无冷凝
海拔高度	≤3000 m
污染等级	II 级

2. 逆变器选址要求

逆变器除磁性元件以外的器件均采用正面维护，冷却风源从逆变器机柜正面风栅进入，因此要求在逆变器机柜前面保留足够的操作空间。该操作空间以逆变器机柜门完全打开后，人能自由通过为准。考虑到对后舱磁性元件检修的方便程度，建议在机柜后部留出维护空间。逆变器对两侧安装距离没有要求。综合考虑逆变器冷却、维护等需求后，逆变器安装空间间距需求如表 4-8 和图 4-4 所示。

表 4-8　光伏逆变器安装空间间距需求

间　　距	最小长度/mm	备　　注
a	800	逆变器正面预留空间，确保开门后人员能自由通过
b	400	与其他设备或墙面保持人员能够通过的距离
c	400	逆变器后部预留维护空间
d	400	与其他设备或墙面保持人员能够通过的距离

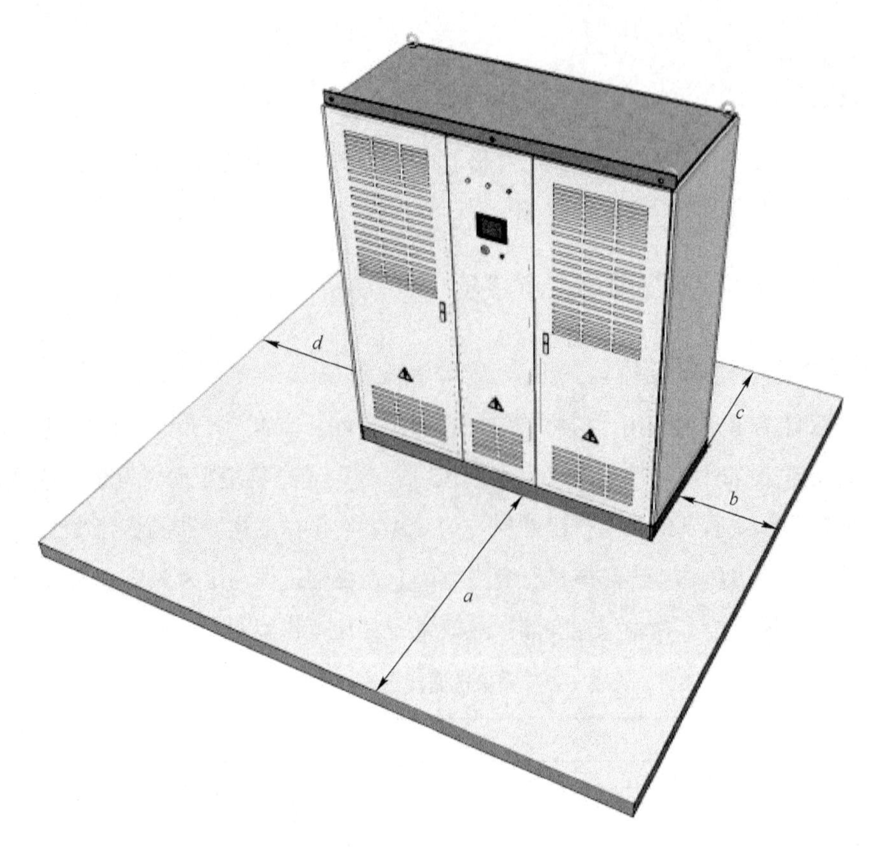

图 4-4　逆变器安装空间间距需求实体图

3. 逆变器的地面固定

以某公司 EP 系列 500 kW/630 kW 逆变器安装为例，其可直接放置在地板上固定，也可以固定在底部有走线槽沟的预制槽钢上。在逆变器安装面上按图 4-5 所示尺寸打 6 个可固定 M12 膨胀螺钉孔，或者在固定用的钢梁面上按该尺寸打 M12 螺栓固定孔。

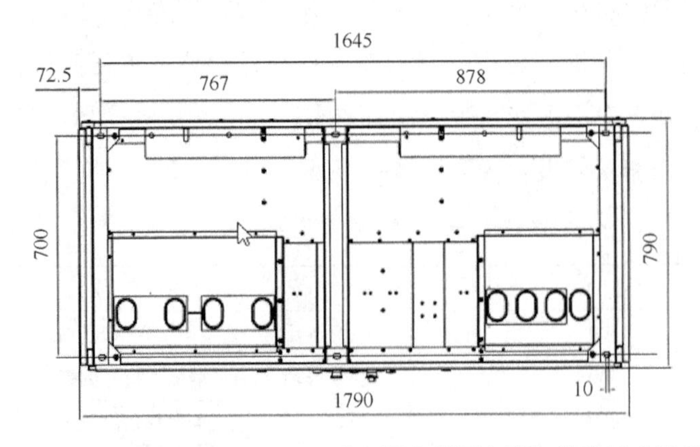

图 4-5　EP 系列 500 kW/630 kW 逆变器底部固定孔与外形尺寸示意图

将逆变器机柜安放到安装面后，对齐底部的 6 个固定孔，用逆变器发货附件内 M12×35 的螺栓将机柜固定在安装面上。逆变器固定螺钉用 40 N · m 的扭力扳手拧紧。将拆卸包装过程中拆下的逆变器门板、挡板复原，即可进行后续的接线操作。

4. 逆变器的电缆连接

EP 系列光伏逆变器外部电缆包含逆变器功率电缆、逆变器供电电缆、逆变器通信电缆与逆变器信号电缆，需用户操作的电缆详见表 4-9。

表 4-9　逆变器各类电缆参数要求

逆变器用户电缆分类	频 率 范 围	逆变器响应
逆变器直流侧功率电缆	PV 直流输入主功率电缆	多股输入功率电缆
逆变器交流侧功率电缆	交流输出主功率电缆	三相三线制
逆变器接地电缆	PE（接地）电缆	
逆变器电源电缆	逆变器工作供电电缆	低压配电电缆
逆变器通信电缆	RS-485 通信信号电缆	屏蔽线缆
逆变器输入信号电缆	逆变器干节点信号电缆	双绞线线缆

逆变器的电缆连接应确保功率电缆与通信电缆、信号电缆分别走线，应布置有序。通信电缆、信号电缆应采用屏蔽措施，避免受到其他信号的干扰。

（1）连接功率线缆与 PE 电缆的连接

逆变器功率电缆分为直流侧 PV 输入电缆与交流侧输出电缆。使用钥匙打开 EP 系列逆变器机柜左侧机柜前门，使用十字螺钉旋具拆除逆变器左边机柜下方金属盖板，可以看到逆变器直流侧功率电缆接线端子和底部直流侧功率电缆进线槽。

使用钥匙打开逆变器右侧机柜前门，拆除右侧机柜下部金属盖板，即可以看到逆变器交流侧输出功率电缆接线端子、逆变器 PE 电缆接线端子与底部交流侧功率电缆进线槽。逆变器功率接线端子具体位置如图 4-6 所示。

该系列逆变器为下进线方式，PV（直流）输入端和逆变（交流）输出端铜排下部预留有功率电缆进线孔，直接将电缆从进线孔引至逆变器接线铜排即可。逆变器的 PE 端子位于逆变器右侧机柜交流功率电缆接线端子右侧。该端子用于连接逆变器接地 PE 电缆，需按照电缆要求选择、连接与紧固逆变器 PE 电缆，确保逆变器可靠接地。逆变器接地电缆连接完毕后，应测试逆变器接地电阻，该电阻值应小于 4 Ω。

（2）通信电缆的连接

EP 系列逆变器提供了 1 个 RS-485 通信端子，用于实现逆变器远程监控功能。该通信端子位于逆变器右侧机柜中间小型开关盖板下方，其位置如图 4-7 所示。

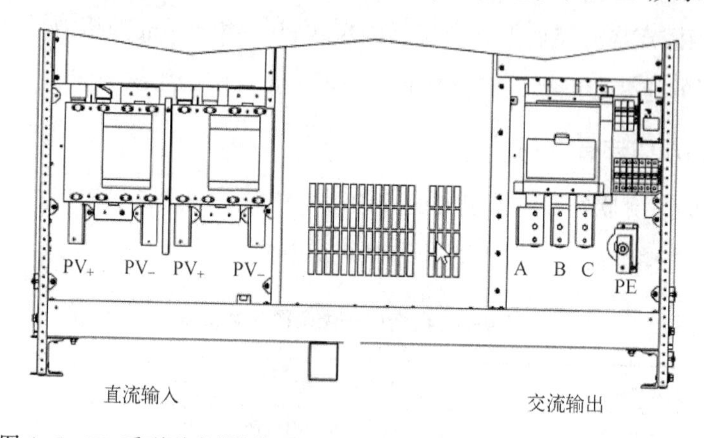

图 4-6　EP 系列逆变器拆卸逆变器前面底部盖板功率端子布局示意图

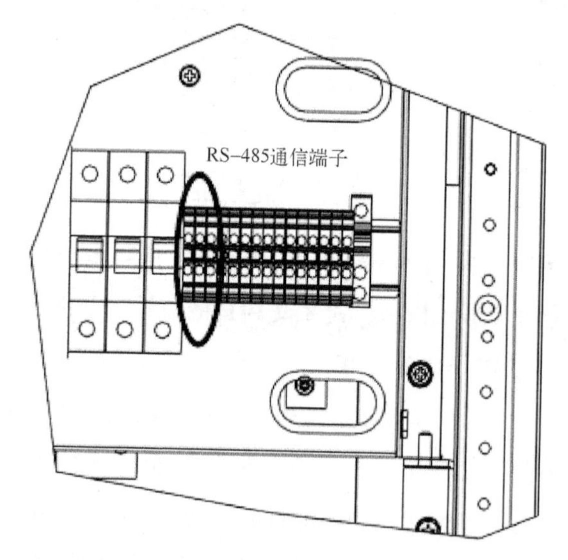

图 4-7　RS485 通信端子位置示意图

逆变器内右下侧侧壁布置有专用走线槽，用于固定该通信电缆出线路径。该线槽可使通信电缆与逆变器交流端口功率电缆保持足够距离，以减少电磁干扰。通信电缆建议选用带屏蔽层的 3 芯加强绝缘电缆，线缆截面积应不大于 0.75 mm^2。为保证通信质量，通信电缆屏蔽层需单点接地处理，逆变器通信电缆屏蔽层就近连接至逆变器机壳即可。

逆变器通信端子为螺钉固定菲尼克斯插接式接线端子，通信电缆端子建议选用镀锡钝化工艺管状铜端子。可使用一字螺钉旋具紧固通信电缆端子，紧固力矩为 0.22～0.25 N·m。

(3）信号电缆的连接

EP 系列逆变器提供多路输入干节点信号，可接入多种传感器输入干节点信号，逆变器会根据可根据输入干节点信号状态变化启动相应的保护动作。逆变器提供的多路干节点信号接线位于逆变器 RS-485 通信端子右侧，端子位置如图 4-8 所示。

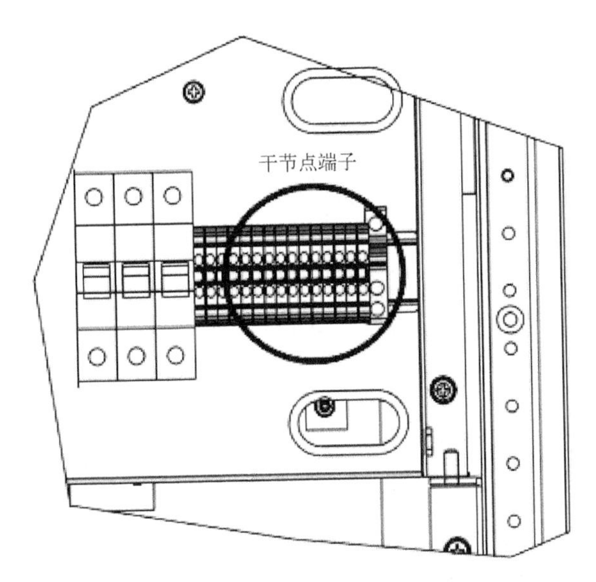

图 4-8　EP 系列逆变器干节点接线端子位置示意图

5. 逆变器安装入网条件

并网逆变器进入并网发电的全过程是自动的，系统不断监视 PV 输入电压、电网电压、电网频率、电网相序、交直流防雷状态、IGBT（绝缘栅双极型晶体管芯片）模块状态，判断是否满足并网发电条件，当一切条件满足后，逆变器进入并网发电模式。当电网出现以下异常时，逆变器立即与电网断开，进入保护程序。

1）在系统选择了低电压穿越模式下，当电网电压跌落时，逆变器进入低电压穿越保护模式，相关标准中根据跌落电压的不同程度要求逆变器耐受低电压的时间为 1~3 s，如果在规定时间内电网电压未恢复到电网电压允许的范围，逆变器将立即与电网断开。

2）当系统选择了孤岛保护模式时，当逆变器检测到孤岛效应发生时，逆变器将在 2 s 内与电网断开。

3）逆变器根据电网频率的不同运行情况是不同的，详见表 4-10。

表 4-10 不同电网频率下逆变器运行要求

频率范围/Hz	逆变器响应
<48	逆变器 0.2 s 内停止运行
48~49.5	逆变器至少运行 10 min 后停止运行
49.5~50.2	逆变器正常运行
50.2~50.5	逆变器至少运行 2 min 后停止运行
>50.5	逆变器 0.2 s 内停止运行

4）PV 电压超过其允许范围 DC 450~1000 V，逆变器立即与电网断开。

6. 安装注意事项

具体事项如下：

1）实施配线及维修时，请务必切断机柜内所有的开关。

2）机柜请勿置于雨天、雪霜天、雾天、油腻、大量灰尘等环境中。控制器安装地点应保持良好通风，柜体的进风口需保持畅通，以保证控制系统正常工作。

3）机柜的接地端子务必良好接地，以保证系统安全稳定运行。

4）严禁将机柜的输入正（+）负（-）极性接反。

5）为防止触电危险，严禁非专业人员私自打开设备机柜门板。

6）本设备应避开火源，不能安装在易燃、易爆的环境中；也不能安装在没有防火保护的设备旁边，如汽油发电机、柴油桶或其他易燃品等。

7）由于系统在工作时电流较大，接线时应保证所有接线柱和螺栓紧固，保证良好接触。

8）严禁触摸设备中任何带电部位，系统带电时不要连接或断开导线以及接线端子。

9）设备的操作仅由有资格的技术人员进行。没有外部电源输入的情况下，设备内部也可能有高电压存在，严禁触摸！

4.4 变压器的安装

4.4.1 变压器的电压等级

根据光伏发电站设计规范，光伏发电站装机总容量≤1 MWp 时，宜采用0.4~10 kV 电压等级；1 MWp<装机总容量≤30 MWp 时，宜采用 10~35 kV 电压等级；装机总容量>30 MWp，宜采用 35 kV 电压等级。

箱式变压器安装适用于35 kV 及以下电压等级，频率为50 Hz 的干式（油浸式）站用变压器、接地变压器、阵列区升压变压器及 SVG（静止无功补偿装置）变压器的安装作业。

4.4.2 变压器安装作业方法

其安装流程如图4-9所示。

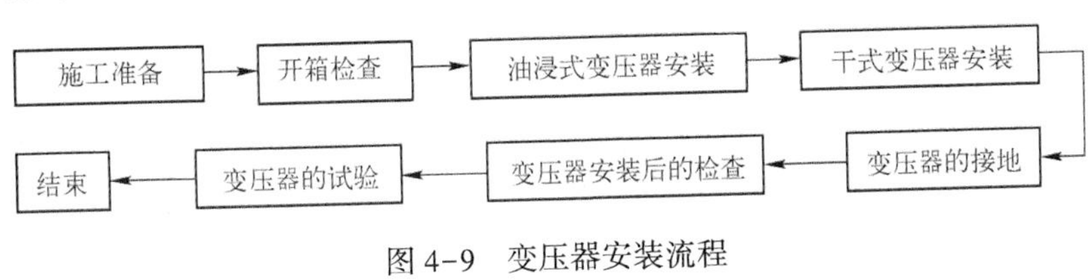

图4-9 变压器安装流程

1. 施工准备

(1) 技术准备

按规程、厂家安装说明书、图样、设计要求及施工措施对施工人员进行技术交底，交底要有针对性。

(2) 人员组织

人员包括技术负责人、安装负责人、安全质量负责人和技术工人。

(3) 机具的准备

按施工要求准备机具并对其性能及状态进行检查和维护。

2. 开箱检查

具体检查如下：

1) 变压器到达现场后，会同监理、需求方代表及厂家代表进行开箱检查，并应检查设备的相关技术资料文件，以及产品出厂合格证。设备应装有铭牌，铭牌上应注明制造厂名、额定容量、一、二次额定电压、电流、阻抗及接线组别等，技术数据应符合设计要求。

2) 应检查设备随机技术文件是否齐全，并由专人收集保管，发现有缺少的及时联系供货厂家补齐，以备以后资料移交、归档和查阅使用。

3) 变压器及设备附件均应符合国家现行有关规范的规定；变压器应无机械损伤、裂纹、变形等缺陷，其上油漆应完好无损；变压器高压、低压绝缘瓷件应完整无损伤、无裂纹等。

3. 油浸式变压器安装

（1）基础复核

变压器就位前应检查土建基础，基础的尺寸、标高、中心线预埋件是否符合变压器安装图及厂家资料和规范要求，变压器基础水平度误差是否小于 3 mm。

（2）箱式吊装

1）吊装时，起重机具的支撑腿必须稳固，受力均匀。吊钩应对准箱式变压器重心，起吊时必须试吊，起吊过程中，在吊臂及吊物下方严禁任何人员通过或逗留，吊起的设备不得在空中长时间停留。

2）箱式变压器就位移动时不宜过快，应缓慢移动，不得发生碰撞及不应有严重的冲击和震荡。

3）箱式变压器就位后，外壳干净不应有裂纹、破损等现象，各部件应齐全完好，箱式变压器所有的门可正常开启。

4）箱体调校平稳后，与基础预埋件焊接牢固并做好防腐措施。

5）金属外壳箱式变压器，箱体应不少于两处接地，接地牢靠可靠且有标识。

4. 干式变压器安装

（1）变压器型钢基础的安装

基础型钢金属构架的尺寸、应符合设计基础配制图的要求与规定，如设计对型钢构架高出地面无要求，施工时可将其顶部高出地面 10 mm。型钢基础构架与接地扁钢连接不宜少于两点，并符合设计、规范要求。

（2）干式变压器就位

1）应先将干式变压器的外壳拆下，拆下时应作好标识以免装错，拆卸时应防止观察窗玻璃损坏。

2）变压器卸车时，直接卸置于预先放置好的滚杠上，变压器放置方向应考虑安装方向，放置变压器时应防止变压器滑动；再用滚杠缓缓推至槽钢基础旁，移动过程中应行车平稳，尽量减少振动。

3）干式变压器固定在型钢基础上，用三脚扒杆加起重葫芦起吊变压器就位，用水平仪、铅锤线、钢尺测量就位偏差，其偏差不应大于 1 mm。

4）变压器就位时，应按施工要求的方位和距墙尺寸就位。

5）变压器固定采用设计要求连接方式，并可靠固定。

6）把温控器安装固定好，并接好与变压器间连线。

（3）母线连接（适用于站用变母线连接）

1）安装前仔细核对变压器低压侧母线与盘柜母线的相序必须一致，相色标志正确齐全。

2）仔细检查变压器低压侧母线及与其相连的进线开关柜母线的相间及相对地距离不应小于 20 mm。

3）仔细检查变压器高压侧引出线对地距离不应小于 100 mm。

4）两侧母线的接触面必须保持平整、清洁、无氧化膜，并涂以电力复合脂。

5）贯穿螺栓连接的母线两外侧均应有平垫圈，螺母侧应装有弹簧垫圈或锁紧螺母。

6）母线的接触面应连接紧密，连接螺栓应有力矩扳手紧固，其力矩值应符合表 4-11 中规定。

表 4-11　钢制螺栓的紧固力矩值

序　　号	螺栓规格/mm	力矩值/（N・m）
1	M8	8. 8~10. 8
2	M12	31. 4~39. 2
3	M14	51. 0~60. 8
4	M16	78. 5~98. 1

5. 变压器的接地

接地细则如下：

1）将变压器中性点直接（或经接地电阻）与接地线可靠连接。

2）将铁芯引出线与接地线可靠连接。

3）将变压器本体接地点与事先引入基础侧的接地线可靠连接。

4）检查变压器底座槽钢基础已与接地线可靠连接。

6. 变压器安装后的检查

检查细则如下：

1）仔细全面的检查整个变压器，不能有金属异物遗留，底架与基础接触导通良好，接地牢固可靠。

2）铁心夹紧螺栓联接紧固无松动。

3）铁心一点接地，牢固可靠。

4）三相电压比连接正确。

5）变压器安装完毕后，做好防尘工作。

4.4.3 安装质量检查

检查细则如下：

1）检查紧固螺杆是否确实解除，检查所有电气连接，确认连接是否牢固可靠，所有固定螺栓是否全部紧固。

2）内部接线后，检查是否和连接图样接线一致；内部引线与引线之间，及和其他结构件之间是否确保图样指定尺寸以上的距离。

3）变压器与接地网两处可靠接地，中性点与接地网可靠接地。

4）变压器试运行前应进行全面检查，确认各种试验单据齐全，数据真实可靠，变压器一次、二次引线相位，相色正确，接地线等压接接触截面符合设计和国家现行规范规定。

5）变压器应清理，擦拭干净。顶盖上无遗留杂物，本体及附件无缺损。通风设施安装完毕，确认其工作正常。

6）变压器的分接头位置处于正常电压档位。保护装置整定值符合规定要求，操作及联动试验正常。

7）测温装置的信号接点应动作正确，导通良好，整定值符合要求。

4.5 无功补偿装置的安装

无功电力应就地平衡，光伏电站应在提高用电自然功率因数的基础上，设计和安装无功补偿设备，并做到随其负荷和电压的变动及时投入或切除，防止无功电力倒送。无功补偿装置的安装流程如图 4-10 所示。

1. 电抗器基础和支架安装

安装细则如下：

1）基础轴线偏移量和基础杯底标高偏差应在规范允许范围内。

2）相间中心距离误差≤10 mm，预埋件中心线误差≤5 mm，预埋件应牢固。

3）根据支架标高和支柱绝缘子长度综合考虑，使支柱绝缘子标高误差控制在 5 mm 之内。

4）设备支架安装后的标高偏差、垂直度、轴线偏差、顶面水平度、间距偏差应满足相关规范要求。

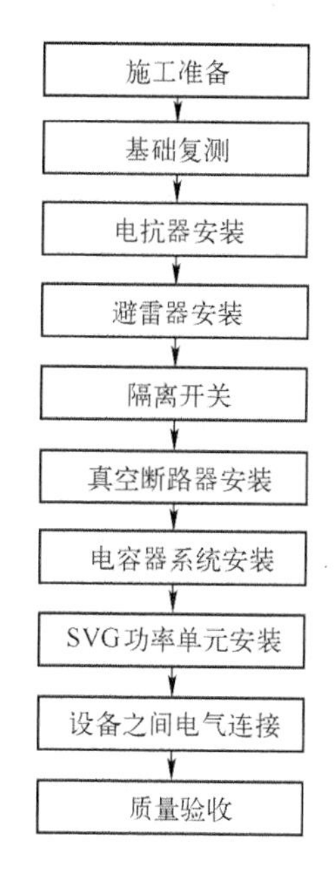

图 4-10　无功补偿装置安装流程

2. 电抗器安装

安装细则如下：

1）电抗器垂直安装时，各相中心线应一致。

2）将电抗器的底脚与预埋件固定好后，将 C 相绝缘子及 C 相线圈平稳地安装在底座上，各法兰与绝缘子之间加橡胶垫后紧固。安装时注意接线端子首末夹角及三相出线角度。

3）电抗器吊装时，吊钩在 C 相电抗器线圈上星架中心的线架芯上，用起重吊环穿过吊钩，吊起线圈。

4）安装 C 相后开始安装 B 相绝缘子及 B 相线圈，同时在绝缘子与法兰之间放上橡胶垫，务必使 B 相星形架与 C 相星形架位置在垂直方向一致，各个螺栓不能有松动现象。同时注意接线端子首末夹角及三相出现角度。

5）在 B 相安装完毕后，再安装 A 相。

6）电抗器安装时其重量应均匀地分配于所有支柱绝缘子上，找平时，允许在支柱绝缘子底部下放置钢垫片，但应固定牢靠。

7）电抗器设备接线端子的方向必须与施工图样方向一致。

8）使用围栏或网门时，在一处应开一纵向开口，且用非金属材料连接断口，以免围栏产生环流，引起电抗器过热。

9）围栏到线圈中心距离不小于线圈最大外径的 1.1 倍。地方足够时，该距离尽量放大，以免增加线圈损耗。

10）整个安装过程必须注意安全，避免损坏绝缘子及其他部件。

3. 电抗器的接地施工

施工细则如下：

1）电抗器支柱的底座均应接地，支柱的接地线不应成闭合回路，同时不得与地网形成闭合回路，一般采用单开口或多开口等电位联结后接地。

2）磁通回路内不应有导体闭合回路。

4. 避雷器安装

安装细则如下：

1）支架标高偏差≤5 mm，垂直度偏差≤5 mm，顶面水平度偏差≤2 mm/m。

2）吊装时吊绳应固定在吊装环上，不得利用瓷裙起吊。

3）须根据产品成套供应的组件编号进行安装，不得互换，法兰间应连接可靠。

4）避雷器安装面应水平，避雷器安装应垂直，并列安装的避雷器三相中心应在同一直线上，铭牌应位于易于观察的一侧。

5. 隔离开关安装

（1）开关本体固定

将单极隔离开关本体底座固定在水平的基础上，经调整使三相接地开关的转轴在同一中心。

（2）检查隔离开关中间触头接触情况

其单相应满足：

1）中间触头在合闸时柱形触头与两排触指应同时接触，必要时调整交叉螺杆（左右螺栓）来达到。

2）中间触头接触应对称，上下差不大于 5 mm。合闸到终点位置，中间间隙调整到 7~12 mm，必要时可在支柱绝缘子底部用增减垫片来调整，但每处加垫厚度不应大于 3 mm。

3）主闸刀分-合位置转动 90°，在分合闸终点位置，定位螺钉与挡板的间隙应调整到适当位置。

4）将主闸刀三相间的联动拉杆依据厂家图纸装好，调节连杆长度使三相合闸同期性不超过 10 mm，三相联动拉杆及支柱绝缘子间交叉连杆两端分别有左、右螺纹，调整时可直接转动。

（3）接地开关相应部件的安装

将接地开关三相间的连杆依据厂家图样装好，调整拉杆、杠杆使接地开关分闸时处于水平位置，紧固螺栓，合闸时，接地开关应可靠插入接地静触头内。

（4）安装电动机构

将 CS8-6D 或 CJ6 电动机构安装在便于用手操作的支架上。以隔离开关底架上的传动轴为中心，用垂线法保证机构主轴与转动轴中心基本吻合，紧固机构上的安装螺栓。

（5）联动杆连接隔离开关部件的调整要求

机构与隔离开关同时处于合闸或分闸状态时，用联动杆连接隔离开关转动轴与机构主轴，并达到以下要求：

1）操作 3~5 次后检查隔离开关分合闸是否符合要求，隔离开关打开角度应不小于 90°，且定位螺钉与挡板的间隙调整到适当位置并紧固螺母。

2）调整接地开关静触头，紧固螺栓，使接地开关合闸时接地动触头能正确插入接地静触头。

3）分闸时调整接地刀拉杆，使接地开关保持水平状态。

4）检查隔离与接地开关的机械联锁，保证隔离开关合闸时，接地开关不能合闸；接地开关合闸时，隔离开关不能合闸的动作顺序。

当一切操作正确无误后，固定三相接地刀闸转轴上连杆。接地软连接处应清理出金属光泽。

（6）安装调试注意事项

安装调试时只允许用手动操作。

6. 断路器安装

安装细则如下：

1）基础中心距离误差、高度误差、预埋件中心距离误差均应≤10 mm。

2）断路器在装卸过程中，不得翻转、碰撞和强烈振动。

3）要按制造厂规定的程序进行装配，不得混装。

4）使用的清洁剂、润滑剂、密封脂和擦拭材料必须符合产品的技术规定。

5）绝缘子要清洁、完好。

6）要按产品的技术规定选用吊装器具及吊点。

7）所有螺栓的紧固要用力矩扳手，其力矩值要符合产品的技术规定。

8）设备接线端子的接触表面要平整、清洁、无氧化膜；镀银部分不得挫磨；载流部分其表面要无凹陷及毛刺，联接螺栓应齐全、紧固。

7. 电容器系统安装

安装细则如下：

1）在正式安装前，对电容器进行外观检查，外观应无破损、锈蚀和变形。金属构件无明显变形、锈蚀。

2）为保持通风良好，每层电容器间距不应小于 100 mm，排距不应小于 200 mm。电容器底部距地面不应小于 300 mm。

3）安装电容器时，不得安装妨碍空气流通的水平层间隔板。电容器的连线，采用软导线。电容器外壳应与电位固定点良好相接。电容器的布置应使铭牌向外，以便于工作人员检查。

4）电容器组在接通前应与放电线圈可靠连接。

8. SVG 功率单元安装

（1）高压静止无功发生器的存储

高压静止无功发生器应存放在空气流通，存放温度在-40℃～+70℃范围内，空气的最大相对湿度不超过 90%的室内。存放期间应避免阳光直射，防止水浸、雨淋、腐蚀等情况的发生。

（2）安装要求

1）高压静止无功发生器应严格按照现场安装图样进行安装。所有柜体应固定安装于槽钢底座上，并和室内大地可靠连接。变压器进线屏蔽层及接地端子也应接至室内大地，柜体间应相互连接形成一个整体。

2）安装过程中，要防止设备受到撞击和震动，所有柜体不得倒置，倾斜角度不得超过 30°。安装完毕后，柜体应排列应整齐，相邻两柜间接缝应 < 15 mm，水平度 <1.5 mm/m，不直度<1.5 mm/m。安装后的功率单元推拉应灵活，无卡阻、碰撞现象，各固定螺栓需联接紧固。变压器柜的机械连锁或电气连锁装置动作应正确可靠。

（3）高压静止无功发生器的电气安装

1）电气安装注意事项如下。

① 接线前，确认导线截面积、电压等级是否符合要求。变压器和输入、输出高压电缆还必须进行耐压测试，测试时注意不要将功率单元接入。

② 安装过程中，要一直保持高压静止无功发生器柜体可靠连接室内的大地，以保证人身安全。

2）电气安装要求如下。

① 输入和输出电缆必须分别配线，防止混线，防止绝缘损坏造成危险。

② 信号线与电源线不要长距离平行布线，信号线与通信线必须采用屏蔽电缆，屏蔽层单端接地。

③ 控制机应设专用接地极，接地电阻不大于1Ω。

④ 导线与电气元件间采用螺栓联接、插接、焊接或压接等，均应牢固可靠。

⑤ 柜体内的导线不应有接头，导线线芯应无损伤。

⑥ 电缆线芯和所配导线的端部均应标明其回路编号。编号应正确，字迹清晰且不易褪色。

⑦ 配线应整齐、清晰、美观，导线绝缘应良好，无损伤。

⑧ 引入柜体的电缆应排列整齐，编号清晰，避免交叉，并应固定牢固，不得使所接的端子排受到机械应力。

⑨ 强、弱电回路不应使用同一根电缆，并应分别成束分开排列，当有困难时应设强绝缘的隔板。

⑩ 带有照明的封闭式柜体应保证照明完好。

⑪ 接线端子应与导线截面匹配，不应使用小端子配大截面导线。

⑫ 交流信号线与直流信号线应分开走线。

9. 设备之间电气连线

规定细则如下：

1）作业前应仔细检查导线、设备线夹、金具等型号是否符合设计规范。

2）施工前应仔细检查导线是否有松股、断股现象，金具变形，线夹损坏的现象，若发现应立即更换。

3）下线前，应测量实际设备间距，再进行设备线夹压接安装。

4）各种导线及线夹压接前应进行拉力试验，试验合格后方可正式施工。

5）压接导线时，压接用的钢模必须与被压管配套。压接时必须保持线夹的正确位置，不得倾斜，相邻两模间重叠不应小于5 mm。

6）软母线施工需满足设计规定的弧垂，其值应在设计弧垂的允许范围内，且要求三相弛度达到同一水平。

4.6 电气二次系统的安装

4.6.1 二次系统的技术要求

技术要求如下：

1）光伏发电站控制方式宜按无人值班或少人值守的要求进行设计。

2）光伏发电站电气设备的控制、测量和信号应符合现行行业规定。

3）电气二次设备应布置在继电器室，继电器室面积应满足设备布置和定期巡视维护的要求，并留有备用屏位。屏、柜的布置宜与配电装置间隔排列次序对应。

4）升压站内各电压等级的断路器以及隔离开关、接地开关、有载调压的主变分接头位置及站内其他重要设备的启动（停止）等应在控制室内监控。

5）光伏发电站内的电气元件保护应符合现行国家标准 GB/T 14285—2016《继电保护和安全自动装置技术规程》的规定。35 kV 母线可装设母差保护。

6）光伏发电站逆变器、跟踪器的控制应纳入监控系统。

7）大、中型光伏发电站应采用计算机监控系统，其主要功能应符合下列要求：

（a）应对发电站电气设备进行安全监控。

（b）应满足电网调度自动化要求，完成遥测、遥信、遥调、遥控等远程功能。

（c）应对电气参数进行实时监测，也可根据需要实现其他电气设备的监控操作。

8）大型光伏发电站站内应配置统一的同步时钟设备，对站控层各工作站及间隔层各测控单元等有关设备的时钟进行校正，中型光伏发电站可采用网络方式与电网对时。

9）光伏发电站计算机监控系统的电源应安全可靠，站控层应采用交流不间断电源设备（UPS）供电。交流不停电电源系统持续供电时间不宜小于 1h。

4.6.2 运行监控系统的设计与安装

计算机监控系统（如图 4-11 所示）的主要作用是监控整个发电站的运行状况，包括监控光伏组件的运行状态、逆变器的工作状态、系统的工作电压、电流等数据，还可以根据需要将相关数据直接发送至互联网，以便远程监控发电站的运行情况。

1. 光伏汇流箱采集方案

主要通过光伏汇流箱中检测电路实现电池电流的检测，从而实现对光伏组件串工作状态的监控，也可以对汇流箱内的防雷器、断路器状态等进行监控。

2. 光伏绝缘监测方案

在光伏逆变系统中，高压直流电的正负母线都是浮地的。由于系统直流输入/输出回路众多，难免会出现绝缘损坏等情况，当单点绝缘下降故障发生时，由于没有形成短路回路，并不影响用电设备的正常工作，此时仍可继续运行；若不及时处理，一旦出现两点接地故障，将可能造成直流电源短路，输出熔断器熔断，开关烧毁，逆变器出现故障，这将严重影响机房内其他设备的安全运行；同时，绝缘下降还会给现场运行维护人员的人身安全造成威胁。另外，直流柜内直流输入/输出回路非常多，为方便运行和维护，也

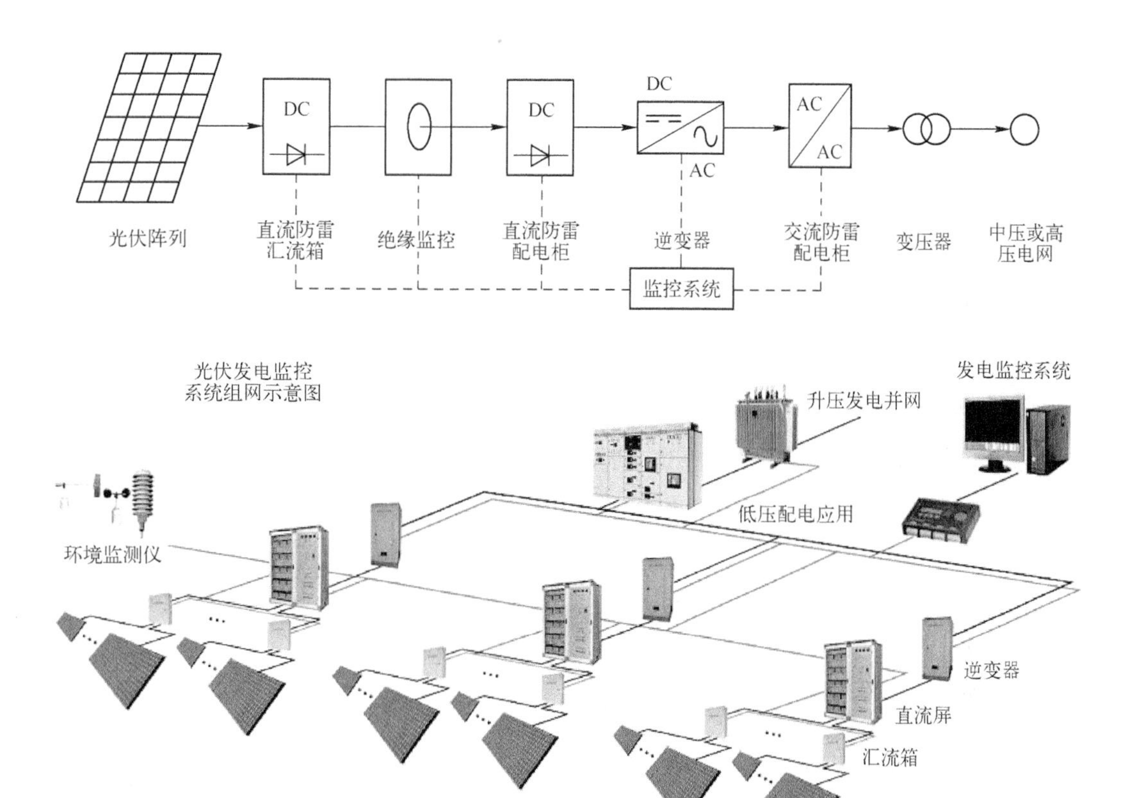

图 4-11　光伏发电监控系统示意图

有必要及时有效地监测和查找出绝缘下降的具体支路。因此，光伏逆变机房的高压直流供电系统，必须要提供可靠有效的绝缘监测方案来监测系统的正常运行。监测系统可进行特定的循环测量，只有当所有测量循环周期的结果都低于设定阈值的时候，设备才会介入干预，从而避免跳闸和光伏系统中的其他问题。系统有两种干预阈值，一种是预警，一种是报警。

3. 光伏直流柜采集方案

通过采集电压、电流实现对汇流箱输出电流进行监控，对直流柜内的防雷器、断路器状态进行监控，测量每个汇流箱的输出功率等。

4. 光伏逆变采集方案

利用逆变器自带的采集系统通过网络进行监控直流侧电压、电流、功率，交流侧电压、电流、功率、频率等。

4.7 光伏电缆的敷设

4.7.1 施工要求

1. 线缆敷设

敷设细则如下：

1）光伏组件组串之间及组串至汇流箱电缆，沿组件支架用尼龙带绑扎敷设，跨组件前后行及检修通道需穿管埋地。

2）汇流箱至逆变器电缆采用交联聚乙烯铠装电缆，直埋敷设；穿越道路时需套镀锌钢管直埋。

3）逆变器交流侧至升压变低压进线电缆采用交联聚乙烯电缆，沿电缆沟敷设。

4）升压变出线采用交联聚乙烯铠装电缆沿电缆通道直埋敷设。

5）高低压配电室、二次设备室敷设内均采用电缆沟形式敷设，电缆沟内主、层架需要用镀锌角钢支架制作。

2. 直埋电缆敷设要求

要求如下：

1）电缆直埋敷设应按照电缆敷设规范进行。

2）直埋敷设电缆的接头配置，应符合下列规定：

① 接头与邻近电缆的净距，不得小于 0.25 m。

② 并列电缆的接头位置宜相互错开，且不小于 0.5 m 的净距。

③ 斜坡地形出的接头安置，应呈水平状。

④ 对重要回路的电缆接头，宜在其两侧约 1000 m 开始的局部段，按留有备用量方式敷设电缆。

3）直埋敷设的电缆与道路交叉时，应穿保护管，且保护范围应超出路基两边及排水沟边 0.5 m 以上。

4.7.2 作业的程序与操作方法

1. 挖沟、清理铺砂土

根据图样标注的尺寸确定通道路径位置。首先应确定路线的首末端、预埋管的位置。在首末端及路线中端或其他参照位置拉线，确定通道路线的位置。沟道深度符合设计、规范要求。有预埋件的，将电缆管预埋后回填，以免阻碍道路的通畅性。

2. 电缆敷设

要求如下：

1）根据剖面图和设备位置来排列电缆，并写好电缆敷设清单。

2）按照电缆敷设清单上电缆的型号规格，用汽车、吊车、叉车或人力将电缆运送到敷设地点。

3）按清单上电缆的排列顺序将盘架好，电缆盘应用专用的起重架支起，架好的盘离地面距离以 100 mm 为宜，电缆从盘的上部引出，不应在地面上或支架上拖放，有特殊要求的动力电缆要使用放线滚轮，严禁将电缆盘平放地面上而甩放电缆。

4）电缆敷设顺序为先敷设集中的电缆，后敷设分散的电缆；先敷设动力电缆，后敷设控制、通信电缆；先敷设长电缆，后敷设短电缆，同一方向的电缆应尽量一次敷设完毕。敷设电缆的路径应有电缆专业人员负责，每敷设一根电缆，应立即从末端开始整理、检查、固定和挂牌，留好长度，每根除了留好备用长度外，电缆长度不能超过接线高度 1 m，超出的长度要锯断后才能开始敷设下一根电缆，在用扎带固定电缆同时应把多余的扎带末梢剪去，并做好必要的敷设记录工作。

5）电力电缆与控制电缆在直埋电缆通道的各层位置一般是从下到上按电力、控制、弱电电缆排列，并适当留有空位，电力电缆又可按电压等级排列，同一安装单位的通信电缆放在同一层上。

6）电缆构筑设施和电缆布置应充分满足电缆的允许弯曲半径。在电缆引入/引出开关柜、配电盘时，为使电缆不受损伤，保证电缆弯曲半径，应留有一定的检修余地。

7）电缆敷设要尽量减少交叉和重叠，为此，一般宜将同侧的电缆一次敷设完毕，如不能一次敷设完时，应将其位置空出来。

8）电缆敷设应整体一致，引出方向，弯度相互间距等都要一致，以达到美观整齐的效果。

9）电缆端部要穿管敷设时，应预留出适当长度，待排列、检查、固定完毕再穿管。

10）不同电压等级的电缆应分别穿在不同的保护管中，三相交流单芯电缆应同穿一根保护钢管，严禁分相穿管。穿完电缆的保护管应进行封堵处理。

11）电缆在交叉口经过时，应尽量减少电缆的人为交叉。

12）电缆与厂区道路交叉时，应敷设于保护管或沟道中。

13）直埋电缆应敷设在壕沟里，电缆外皮至地面深度不得小于 1170 mm，但也不宜过深，过深会影响电缆散热及检修。沿着直埋电缆的上下部应铺不小于 100 mm 厚的细土层。

14）电缆敷设完毕，经检查无遗漏后，应按设计进行防火封堵。

3. 敷设保护管

（1）电缆保护管的选择

电缆保护管必须是内壁光滑无毛刺。保护管的选择，应满足使用条件所需的机械强度和耐久性，且符合下列基本要求：

1）需要穿管来抑制电气干扰控制的电缆，应采用钢管。

2）交流单相电缆以单根穿管时，不得用未分隔磁路的钢管。

（2）部分或全部露在空气中的电缆保护管的选择

其应遵守下列规定：

1）防火或机械要求高的场所，宜用钢制管。且应采取涂漆或镀锌包塑等适合环境耐久要求的防腐处理。

2）满足工程条件自熄性要求时，可用耐燃型塑钢管，当部分埋入混凝土中等需有耐冲击的使用场所时，塑料管应具备相应承压能力，且宜用可挠性的塑料管。

3）地中埋设的保护管，应满足埋深下的抗压要求和耐环境腐蚀性。通过不均匀沉降的回填土地段等受力较大的场所，宜用钢管。

（3）保护管管径与穿过电缆数量的选择

其应符合下列规定：

1）每管宜穿1根电缆。

2）管的内径，不宜小于电缆外径或多根电缆包络外径的1.5倍。

（4）单根保护管使用

其应符合下列规定：

1）每根管路不宜超过3个弯头，直角弯不宜多于2个。

2）地中埋管，距地面深度不宜小于0.5m，距排水沟底不宜小于0.5m。

3）并列管之间有不小于20mm的空隙。

（5）挂标志牌

1）标志牌规格应一致，本工程采用塑料标志牌，挂装应牢固。

2）标志牌上应注明回路编号、电缆编号、规格、型号及电压等级。

3）沿桥架敷设电缆在其两端、拐弯处、交叉处应挂标志牌，直线段应适当增加标志牌，每2m挂一标志牌，施工完毕做好成品保护工作。

4.8 接地与防雷的施工

4.8.1 接地与防雷工艺流程

接地系统的施工质量直接关系到工程完工后电气设备能否安全可靠运行以及环网柜运行人员的生命安全，所以，接地系统施工工艺虽然简单，但是一定要严格按规程规范施工，以确保施工质量及接地电阻达到设计要求。其安装流程如图 4-12 所示。

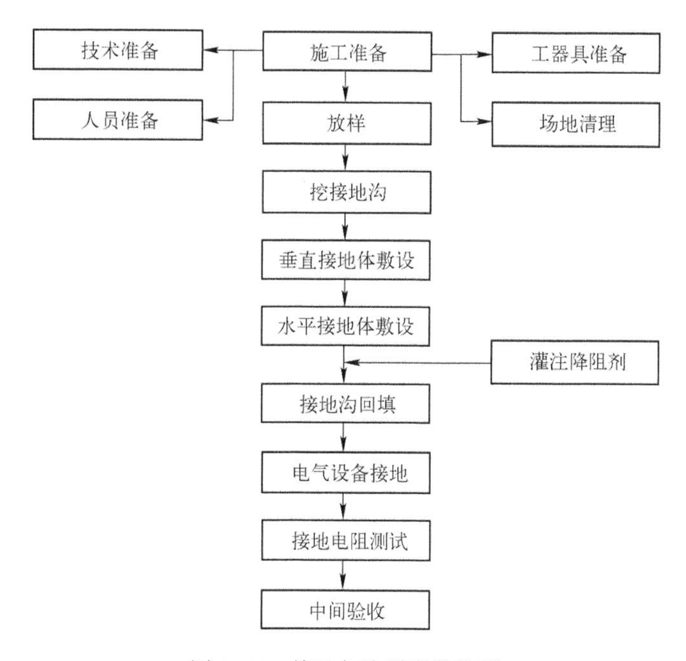

图 4-12　接地与防雷安装流程

1. 施工准备

认真阅读电气施工图及土建相关图样，明确设计意图，准备好防雷接地系统施工的相关材料、机具设备，做好接地材料验收工作，确认材质合格，对防雷接地系统施工所需半成品进行加工。

2. 放样

根据设计和施工的要求，将所设计防雷接地土建的平面位置、高程位置以一定的精度敷设到实地上，做好测量记录。

3. 挖接地沟

根据场地标高测量记录，进行水平接地网开挖，确保水平接地网埋设深度满足施工图样要求。

4. 垂直/水平接地体敷设

按设计图位置打接地极，若无法打入时可适当移位，但必须在竣工图上标明。水平接地网扁钢应垂直敷设，电缆沟、光伏支架辅助接地均利用预埋扁钢接地，预埋扁钢必须贯通与主接地网相连。高低压开关柜、逆变柜等电气柜等底座基础槽钢至少要有两处接地引线与主接地网相连。

5. 接地沟回填

主接地网施工应做到“施工一段，验收一段，回填一段”，及时做好隐蔽工程签证记录和必要的图示。土方回填时不得夹有石块、建筑垃圾等，在回填时按照设计要求分层夯实。

6. 电气设备接地

接地引线应用平弯机进行弯制，做到弯头平直、弯弧适宜，紧贴基础和支架。所有构支架、电气设备的接地引线方向应一致，外露高度应统一，接地引线表面应涂以宽度100 mm 黄绿相间标识漆，所有标志漆涂刷高度和配色顺序一致。

7. 接地电阻测试

使用接地电阻测试仪监测防雷装置的有效性，接闪器、引下线、接地装置的连通性，交流工作接地与安全工作接地电阻不大于 4 Ω，防雷保护的接地电阻不应大于 10 Ω。

8. 中间验收

接地装置的安装应按照已批准的设计进行施工，采用的器材应符合国家现行技术标准的规定并应有合格证件，施工中的安全技术措施，应符合现行安全技术标准的规定，接地装置的安装应配合土方施工，隐蔽部分必须在覆盖前会同有关单位做好中间检查及验收记录。

4.8.2 接地装置的敷设方法

1. 明敷接地线的安装应符合的要求

具体要求如下：

1）应便于检查；敷设位置不应妨碍设备的拆卸与检修。支持件间的距离，在水平直线部分宜为 0. 5 ~ 1. 5 m；垂直部分宜为 1. 5 ~ 3 m；转弯部分宜为 0. 3 ~ 0. 5 m。

2）接地线应按水平或垂直敷设，亦可与建筑物倾斜结构平行敷设；在直线段上，不应有高低起伏、弯曲等情况。接地线沿建筑物墙壁水平敷设时，离地面距离宜为 250 ~ 300 mm；接地线与建筑物墙壁间的间隙宜为 10 ~ 15 mm。在接地线跨越建筑物伸缩缝、沉降缝处，应设置补偿器，补偿器可用接地线本身弯成弧状代替。

3）明敷接地线的表面应涂以 15 ~ 100 mm 宽度相等的绿色和黄色相间的条纹。在每个导体的全部长度上或只在每个区间或每个可接触到的部位上宜进行标志的制作。

4）在接地线引向建筑物的入口处和检修用临时接地点处，均应刷白色底漆并标以黑色记号，其记号为“⏚”（接地）。

5）对于分散于现地布置的控制盘柜以及端子箱、控制箱应就近接地。无源接点信号电缆屏蔽线应该在监控盘柜接地。每根电缆屏蔽层应单独接地，不允许与其他电缆屏蔽层扭缠接地。接地装置的导体截面应符合热稳定和机械强度的要求，腐蚀性较强场所的接地装置应采用热镀锌钢材，或适当加大截面。当电缆穿过零序电流互感器时，电缆头的接地线应通过零序电流互感器后接地；由电缆头至穿过零序电流互感器的一段电缆的金属护层和接地线应对地绝缘。

2. 接地体的连接

此范围主要包括电缆沟的电缆支架、电缆管、配电装置室等部位。

接地体（线）的连接应采用焊接，焊接必须牢固无虚焊。接至电气设备上的接地线，应用镀锌螺栓联接；有色金属接地线不能采用焊接时，可用螺栓联接。螺栓联接处的接触面应按 GB 50149—2010《电气装置安装工程母线装置施工及验收规范》的规定处理。其搭接长度必须符合：扁钢为其宽度的 2 倍（且至少 3 个棱边焊接）；圆钢为其直径的 6 倍；圆钢与扁钢连接时，其长度为圆钢直径的 6 倍。

4. 8. 3　二次等电位

具体细则如下：

1）为保证站内控制、测量、保护、通信系统能够正常工作，站内应搭建与主接地网紧密相连的等电位接地网。

2）电站计算机系统内的零电位母线应由一点焊接引出两根并联绝缘铜绞线或电缆，并于一点就近与变电所接地网焊接，连接处应与变电所大电流入地点距离>15m。计算机系统的逻辑地、信号地以及屏蔽地均应用绝缘铜绞线接至总接地铜排。

3）主控室、敷设二次电缆的沟道、开关站、变压器、断路器、隔离开关和电流、电压互感器等设备的就地端子箱处，使用截面不小于设计要求的裸铜排（电缆）敷设与主接地紧密连接的等电位接地网。

4）在主控室柜屏下层的电缆沟内，按柜屏布置的方向敷设专用铜排（电缆），将该铜排首末相连，形成保护室内的等电位接地网，并与主接地网可靠连接。

5）屏柜装置的接地端子采用截面不小于4 mm^2 的多股铜线和接地铜排相连，接地铜排采用截面不小于50 mm^2 的铜缆与保护室内的等电位接地网相连。

4.9 本章小结

4.9.1 知识要点

序号	知识要点	收获与体会
1	标准光伏组件的主要电性能参数的范围	
2	光伏组件的外观检测和EL检测	
3	光伏组件的安装流程及质量标准	
4	光伏汇流箱的主要技术参数	
5	光伏汇流箱的安装流程及质量标准	
6	光伏逆变器的电流、电压、功率要求及各部分功能	
7	光伏逆变器的主要参数要求	
8	光伏逆变器的安装及质量标准	
9	变压器的类型及电压等级要求	
10	变压器来料的检查	
11	无功补偿装置的作用	
12	无功补偿装置的安装流程及电气连接	
13	二次电气系统的作用及主要部件的电气连接	
14	光伏电缆的敷设工艺要求及施工方法	
15	光伏电站主要设备的接地与防雷	

4.9.2 思维导图

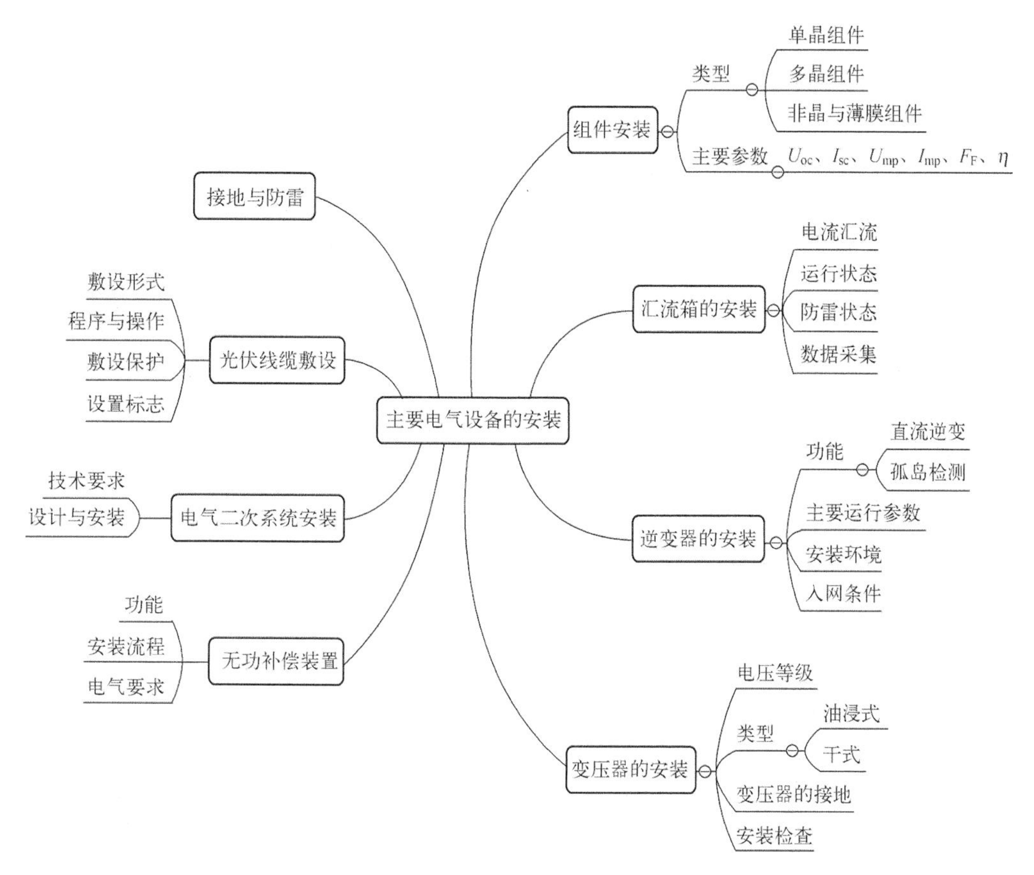

4.9.3 思考与练习

1）标准光伏组件的主要电性能参数有哪些？

2）光伏组件的外观检测的主要内容有哪些？

3）光伏组件电性能参数的标准测试条件（STC）是什么？

4）光伏汇流箱的主要功能是什么？

5）光伏汇流箱的安装流程及质量标准有哪些？

6）光伏逆变器的电流、电压、功率要求及各部分功能是什么？

7）简述光伏逆变器的主要参数。

8）光伏逆变器的安装及质量标准是什么？

9）变压器的类型及电压等级要求？

10）无功补偿装置的作用及安装流程是什么？

11）简述电气二次系统的作用及主要部件的电气连接。

12）简述光伏电缆的敷设工艺要求及施工方法。

13）简述光伏电站接地与防雷的工艺流程与安装要求。

第 5 章　光伏电站的接入要求

【学习目标】

➢ 了解光伏电站并网接入规定。
➢ 了解并网的无功调节应符合的技术要求。
➢ 了解并网电能质量的要求。
➢ 熟悉光伏电站并网的相关国家标准。
➢ 了解光伏电站应对电网异常的能力。
➢ 熟悉孤岛效应的概念并知道检测孤岛效应的方法。

【学习任务描述】

集中式光伏电站高压并网需要满足必须一系列的并网需求，国家电网对并网的电能品质要求极高，并入电网的电能要满足一定的电能品质，并网光伏发电系统应具备相应的继电保护功能，大、中型光伏发电站应具备与电力调度部门之间进行数据通信的能力，应配置有功功率控制系统。另外光伏发电系统具备主动检测电网系统状态，避免孤岛效应的产生。

5.1　光伏电站的接入规定与并网要求

5.1.1　光伏电站接入规定

规定细则如下：

1）光伏发电站接入电网的电压等级应根据光伏发电站的容量及电网的具体情况，在接入系统设计中经技术经济比较后确定。

2）光伏发电站向当地交流负载提供电能和向电网发送的电能质量应符合公用电网的电能质量要求。

3）光伏发电站应具有相应的继电保护功能。

4）大、中型光伏发电站应具备与电力调度部门之间进行数据通信的能力，并网双方的通信系统应符合电网安全经济运行对电力通信的要求。

5.1.2 光伏电站接入并网要求

1. 有功功率控制应符合的要求

其细则如下：

1）大、中型光伏发电站应配置有功功率控制系统，具有接收并自动执行电力调度部门发送的有功功率及其变化速率的控制指令、调节光伏发电站有功功率输出、控制光伏发电站停机的能力。

2）大、中型光伏发电站应具有限制输出功率变化率的能力，输出功率变化率和最大功率的限值不应超过电力调度部门的限值，但因太阳光辐照度快速减少引起的光伏发电站输出功率下降率不受此限制。

3）除发生电气故障或接收到来自于电力调度部门的指令以外，光伏发电站同时切除的功率应在电网允许的最大功率变化率范围内。

2. 电压与无功调节应符合的要求

其细则如下：

1）应结合无功补偿类型和容量进行接入系统方案设计。

2）大、中型光伏发电站参与电网的电压和无功调节可采用调节光伏发电站逆变器输出的无功功率、无功补偿设备的投入量和变压器的变化等方式。

3）大、中型光伏发电站应配置无功电压控制系统，具备在其允许的容量范围内根据电力调度部门指令自动调节无功输出，参与电网电压调节的能力。其调节方式、参考电压等应由电力调度部门远程设定。

4）通过10~35 kV电压等级并网的光伏发电站功率因数应能在超前0.98~滞后0.98范围内连续可调。

5）根据GB/T 19964—2012《光伏发电站接入电力系统技术规定》，通过110(66)kV及以上电压等级并网的光伏发电站，无功容量配置应满足下列要求：

- 容性无功容量应能够补偿光伏发电站满发时站内汇集线路、主变压器的全部感性无功及光伏发电站送出线路的一半感性无功之和。
- 感性无功容量能够补偿光伏发电站自身的容性充电无功功率及光伏发电站送出线路全部充电无功功率之和。

6）对于通过220kV（或330kV）光伏发电汇集系统升压至500kV（或750kV）电压等级接入电网的光伏发电站群中的光伏发电站，其配置的容性无功容量应能够补偿光伏发电站满发时站内汇集线路、主变压器及光伏发电站送出线路的全部感性无功之和，其配置的感性无功容量能够补偿光伏发电站自身的容性充电无功功率及光伏发电站送出线路的全部充电无功功率之和。

7）T接入公用电网和接入用户内部电网的大、中型光伏发电站应根据其特点，结合电网实际情况选择无功装置类型及容量。

8）小型光伏发电站输出有功功率大于其额定功率的50%时，功率因数不应小于0.98（超前或滞后）；输出有功功率在20%~50%时，功率因数不应小于0.95（超前或滞后）。

5.1.3 并网电能质量要求

要求细则如下：

1）直接接入公用电网的光伏发电站应在并网点装设电能质量在线监测装置；接入用户侧电网的光伏发电站的电能质量监测装置应设置在关口计量点。大、中型光伏发电站电能质量数据应能够远程传送到电力调度部门，小型光伏发电站应能储存一年以上的电能质量数据，必要时可供电网企业调用。

2）光伏发电站接入电网后引起电网公共连接点的谐波电压畸变率以及向电网公共连接点注入的谐波电流应符合现行国家标准GB/T 14549—1993《电能质量　公用电网谐波》的规定。

3）光伏发电站接入电网后，公共连接点的电压应符合现行国家标准GB/T 12325—2008《电能质量　供电电压偏差》的规定。

4）光伏发电站引起公共连接点处的电压波动和闪变应符合现行国家标准GB 12326—2000《电能质量　电压波动和闪变》的规定。

5）光伏发电站并网运行时，公共连接点三相电压不平衡度应符合现行国家标准GB/T 15543—2008《电能质量　三相电压不平衡》的规定。

6）光伏发电站并网运行时，向电网馈送的直流电流分量不应超过其交流额定值的0.5%。

5.1.4 电网异常时应具备的能力要求

1. 电网频率异常时的响应，应符合的要求

要求细则如下：

1）光伏发电站并网时应与电网保持同步运行。

2）大、中型光伏发电站应具备一定的耐受电网频率异常的能力。大、中型光伏发电站在电网频率异常时的运行时间要求应符合表 5-1 的规定。当电网频率超出 49.5～50.2 Hz 范围时，小型光伏发电站应在 0.2 s 以内停止向电网线路送电。

表 5-1　大中型光伏发电站在电网频率异常时运行时间要求

电网频率 f/Hz	运行时间要求
f<48	根据光伏电站逆变器运行的最低频率
48≤f<49.5	每次低于 49.5 Hz 时要求至少能运行 10 min
49.5≤f≤50.2	连续运行
50.2<f<50.5	每次频率高于 50.2 Hz 时，光伏发电站应具备能够连续运行 2 min 的能力，但同时具备 0.2 s 内停止向电网送电的能力，实际运行时间由电网调度机构决定，但不允许处于停机状态的光伏电站并网
f≥50.5	在 0.2 s 内停止向电网送电，且不允许停运状态的光伏发电站并网

3）在指定的分闸时间内系统频率可恢复到正常的电网持续运行状态时，光伏发电站不应停止送电。

2. 电网电压异常时的响应应符合的要求

要求细则如下：

1）光伏发电站并网时输出电压应与电网电压相匹配。

2）大、中型光伏发电站应具备一定的低电压穿越能力（如图 5-1 所示），当并网点电压在图 5-1 中电压曲线及以上区域时，光伏发电站应保持并网运行。当并网点运行电压高于 110%电网额定电压时，光伏发电站的运行状态由光伏发电站的性能确定。接入用户内部电网的大、中型光伏发电站的低电压穿越要求由电力调度部门确定。图中 U_{L2}为正

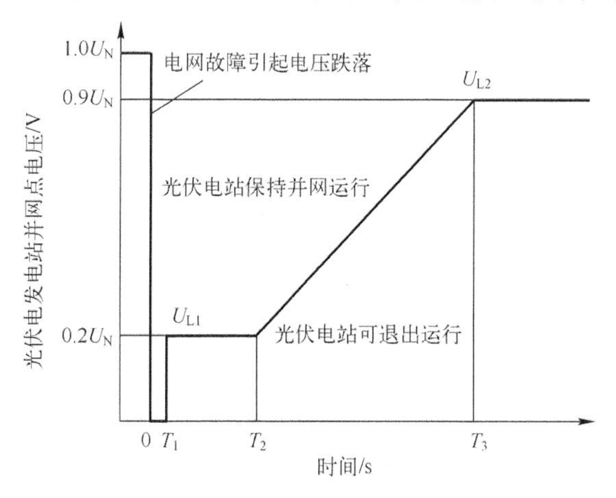

图 5-1　大中型光伏发电站低电压穿越能力要求

常运行的最低电压限值，宜取 0.9 倍额定电压。U_{L1}宜取 0.2 倍额定电压。T_1为电压跌落到 0 时需要保持并网的时间，T_{L2}为电压跌落到 U_{L1}时需要保持并网的时间。T_1、T_2、T_3的数值需根据保护和重合闸动作时间等实际情况来确定。

3）小型光伏发电站并网点电压在不同的运行范围时，光伏发电站在电网电压异常的响应要求应符合表 5-2 的规定。

表 5-2 光伏发电站在电网电压异常的响应要求

并网点电压 U	最大分闸时间
$U<50\%U_N$	0.1 s
$50\%U_N \leq U<85\%U_N$	2.0 s
$85\%U_N \leq U \leq 110\%U_N$	连续运行
$110\%U_N<U<135\%U_N$	2.0 s
$135\%U_N \leq U$	0.05 s

注：① U_N 为光伏发电站并网点的电网标称电压。

② 最大分闸时间是指异常状态发生到逆变器停止向电网送电的时间。

光伏发电站的逆变器应具备过载能力，在 1.2 倍额定电流以下，光伏发电站连续可靠工作时间不应小于 1 min。光伏发电站应在并网点内侧设置易于操作、可闭锁且具有明显断开点的并网总断路器。

5.2 继电保护

5.2.1 继电保护的技术要求

要求细则如下：

1）光伏发电站的系统保护应符合现行国家标准 GB/T 14285—2016《继电保护和安全自动装置技术规程》的规定，且应满足可靠性、选择性、灵敏性和速动性的要求。专线接入公用电网的大、中型光伏电站可配置光纤电流差动保护。

2）光伏发电站设计为不可逆并网方式时，应配置逆向功率保护设备，当检测到逆流超过额定输出的 5%时，逆向功率保护应在 0.5~2 s 内将光伏发电站与电网断开。

3）小型光伏发电站应具备快速检测孤岛且立即断开与电网连接的能力，其防孤岛保护应与电网侧线路保护相配合。

4）大、中型光伏发电站的公用电网继电保护装置应保障公用电网在发生故障时可切除光伏发电站，光伏发电站可不设置防孤岛保护。

5）在并网线路同时 T 接有其他用电负荷的情况下，光伏发电站防孤岛效应保护动作时间应小于电网侧线路保护重合闸时间。

6）接入 66 kV 及以上电压等级的大、中型光伏发电站应装设专用故障记录装置。故障记录装置应记录故障前 10 s 到故障后 60 s 的情况，并能够与电力调度部门进行数据传输。

5.2.2 孤岛效应的应对措施与保护

1. 光伏电站孤岛效应的概念及危害

光伏“孤岛效应”是指当电网的部分线路因故障或维修而停电时，停电线路由所连的并网发电装置继续供电，并连同周围负载构成一个自给供电的孤岛的现象，其工作机理如图 5-2 所示：电网正常工作情况下，相当于开关 S_1、S_2闭合，电网和光伏发电系统同时向电网负载供电；电网突然停止工作时，相当于开关 S_1闭合，S_2打开，此时光伏发电系统作为孤立电源继续向电网负载供电。

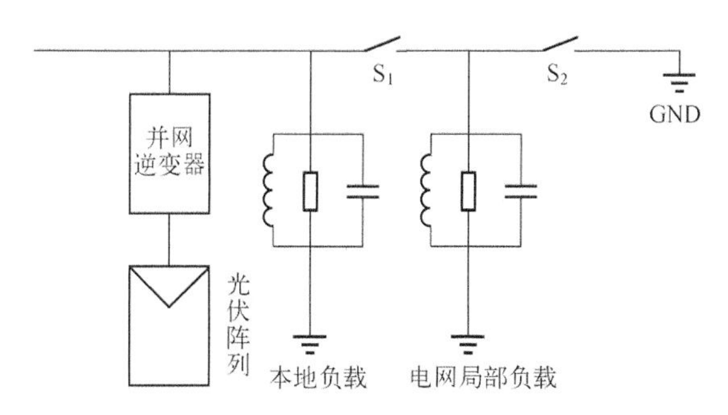

图 5-2 光伏电站与电网连接示意图

一般来说，光伏孤岛效应可能对整个配电系统设备及用户端的设备造成不利的影响，主要包括：

1）电力公司输电线路维修人员的安全危害。

2）影响配电系统上的保护开关动作程序。

3）电力孤岛区域所发生的供电电压与频率的不稳定现象。

4）当电力公司供电恢复时所造成的相位不同步问题。

5）太阳能供电系统因单相供电而造成系统三相负载的欠相供电问题。

2. 孤岛效应的检测与防护

孤岛效应检测方法主要分为被动式和主动式两种。被动式孤岛检测方法通过检测逆变器的输出是否偏离并网标准规定的范围（如电压、频率或相位），判断孤岛效应是否发生。其工作原理简单，实现容易，但在逆变器输出功率与局部负载功率平衡时无法检测出孤岛效应的发生。主动式孤岛检测方法是指通过控制逆变器，使其输出功率、频率或相位存在一定的扰动。电网正常工作时，由于电网的平衡作用，这些扰动检测不到。一旦电网出现故障，逆变器输出的扰动将快速累积并超出并网标准允许的范围，从而触发孤岛效应的保护电路。该方法检测精度高，检测盲区（Non-Detection Zone，NDZ）小，但是控制较复杂且降低了逆变器输出电能的质量。

（1）被动检测方法

被动式方法利用电网断电时逆变器输出端电压、频率、相位或谐波的变化进行孤岛效应检测。但当光伏系统输出功率与局部负载功率平衡，则被动式检测方法将失去孤岛效应检测能力，存在较大的检测盲区。并网逆变器的被动式反孤岛方案不需要增加硬件电路，也不需要单独的保护继电器。

1）电压和频率检测法。

过/欠电压和高/低频率检测法是在公共耦合点的电压幅值和频率超过正常范围时，停止逆变器并网运行的一种检测方法。逆变器工作时，电压、频率的工作范围要合理设置，允许电网电压和频率的正常波动，一般对 220 V/50 Hz 电网，电压和频率的工作范围分别为 194 V≤U≤242 V、49.5 Hz≤f≤50.5 Hz。如果电压或频率偏移达到孤岛检测设定阈值，则可检测到孤岛发生。然而当逆变器所带的本地负荷与其输出功率接近于匹配时，则电压和频率的偏移将非常小甚至为零，因此该方法存在检测盲区。这种方法的经济性较好，但由于检测盲区较大，所以单独使用 OVR（过电压保护）/UVR（欠电压保护）和 OFR（过频保护）/UFR（欠频保护）孤岛检测是不够的。

2）电压谐波检测法。

电压谐波检测法（Harmonic Detection）通过检测并网逆变器的输出电压的总谐波失真（Total Harmonic Distortion，THD）是否越限来防止孤岛现象的发生，这种方法依据工作分支电网功率变压器的非线性原理。如图 5-3 所示，发电系统并网工作时，其输出电流谐波将通过公共耦合点 a 流入电网。由于电网的网络阻抗很小，因此 a 点电压的总谐波畸变率通常较低，一般此时 Va 的 THD 总是低于阈值（一般要求并网逆变器的 THD 小于额定电流的 5%）。当电网断开时，由于负载阻抗通常要比电网阻抗大得多，因此 a 点电压（谐波电流与负载阻抗的乘积）将产生很大的谐波，通过检测电压谐波或谐波的变化就能有效地检测到孤岛效应的发生。但是在实际应用中，由于非线性负载等因素的存在，电网电压的谐波很大，谐波检测的动作阀值不容易确定，因此，该方法具有局限性。

3）电压相位突变检测法。

电压相位突变检测法（Phase Jump Detection，PJD）是通过检测光伏并网逆变器的输

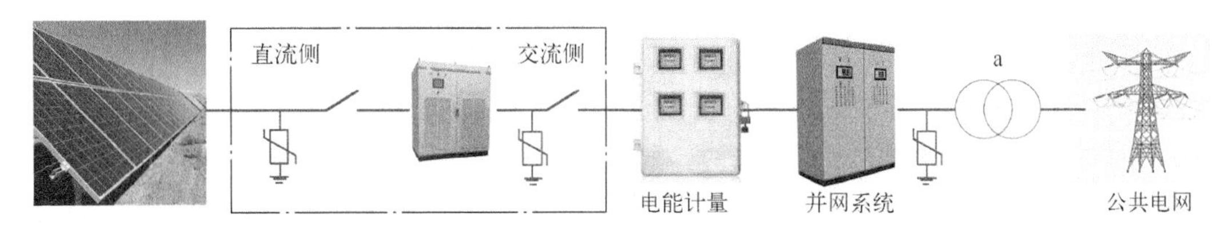

图 5-3　光伏电能馈入公共电网

出电压与电流的相位差变化来检测孤岛现象的发生。光伏并网发电系统并网运行时通常工作在单位功率因数模式，即光伏并网发电系统输出的电流电压（电网电压）同频同相。当电网断开后，出现了光伏并网发电系统单独给负载供电的孤岛现象，此时，a 点电压由输出电流 Io 和负载阻抗 Z 所决定。由于锁相环的作用，Io 与 a 点电压仅仅在过零点发生同步，在过零点之间，Io 跟随系统内部的参考电流而不会发生突变，因此，对于非阻性负载，a 点电压的相位将会发生突变，从而可以采用相位突变检测方法来判断孤岛现象是否发生。相位突变检测算法简单，易于实现。但当负载阻抗角接近零时，即负载近似呈阻性时，由于所设阀值的限制，该方法会失效。被动检测法一般实现起来比较简单，然而当并网逆变器的输出功率与局部电网负载的功率基本接近，导致局部电网的电压和频率变化很小时，被动检测法就会失效，此方法存在较大的检测盲区。

（2）主动检测方法

主动式孤岛检测方法是指通过控制逆变器，使其输出功率、频率或相位存在一定的扰动。电网正常工作时，由于电网的平衡作用，检测不到这些扰动。一旦电网出现故障，逆变器输出的扰动将快速累积并超出允许范围，从而触发孤岛效应检测电路。该方法检测精度高，检测盲区小，但是控制较复杂，且降低了逆变器输出电能的质量。目前并网逆变器的反孤岛策略都采用被动式检测方案和一种主动式检测方案相结合的方式。

1）频率偏移检测法。

频率偏移检测法（Active Frequency Drift，AFD）是目前一种常见的主动扰动检测方法。采用主动式频移方案使其并网逆变器输出频率略微失真的电流，以形成一个连续改变频率的趋势，最终导致输出电压和电流超过频率保护的界限值，从而达到反孤岛效应的目的。

2）滑模频漂检测法。

滑模频率漂移检测法（Slip-Mode Frequency Shift，SMS）是一种主动式孤岛检测方法。它控制逆变器的输出电流，使其与公共点电压间存在一定的相位差，以期通过电网失压后公共点的频率偏离正常范围而判别孤岛。正常情况下，逆变器相角响应曲线设计在系统频率附近范围内，单位功率因数时逆变器相角比 RLC 负载增加得快。当逆变器与配电网并联运行时，配电网通过提供固定的参考相角和频率，使逆变器工作点稳定在工频。当孤岛形成后，如果逆变器输出电压频率有微小波动，逆变器相位响应曲线会使相位误差增加，到达一个新的稳定状态点。新状态点的频率必会超出 OFR/UFR 动作阈值，逆变器因频率误差而关闭。此检测方法实际是通过移相达到移频，与主动频率偏移法（AFD）一样有实现简单、无须额外硬件、孤岛检测可靠性高等优点，其也有类似的弱点，即随着负载品质因数增加，孤岛检测失败的可能性变大。

3）电流干扰检测法。

周期电流扰动法（Alternate Current Disturbances，ACD）是一种主动式孤岛检测法。对于电流源控制型的逆变器来说，每隔一定周期，减小光伏并网逆变器输出电流，则会改变其输出有功功率。当逆变器并网运行时，其输出电压恒定为电网电压；当电网断电时，逆变器输出电压由负载决定。每当到达电流扰动时刻，输出电流幅值改变，则负载上电压随之变化，当电压达到欠电压范围即可检测到孤岛发生。

4）频率突变检测法。

频率突变检测法（FJ）是对 AFD 的修改，与阻抗测量法相类似。FJ 检测在输出电流波形（不是每个周期）中加入死区，频率按照预先设置的模式振动。例如，在第四个周期加入死区，正常情况下，逆变器电流引起频率突变，但是电网阻止其波动。孤岛形成后，FJ 通过对频率加入偏差，检测逆变器输出电压频率的振动模式是否符合预先设定的振动模式来检测孤岛现象是否发生。这种检测方法的优点是：如果振动模式足够成熟，使用单台逆变器工作时，FJ 防止孤岛现象的发生是有效的，但是在多台逆变器运行的情况下，如果频率偏移方向不相同，这种检测法会降低孤岛检测的效率和有效性。

（3）其他方法

孤岛效应检测除了上述普遍采用的被动法和主动法，还有一些逆变器外部的检测方法。如“网侧阻抗插值法”，该方法是指电网出现故障时在电网负载侧自动插入一个大的阻抗，使得网侧的阻抗突然发生显著变化，从而破坏系统功率平衡，造成电压、频率及相位的变化。还有运用电网系统的故障信号进行控制的方法。一旦电网出现故障，电网侧自身的监控系统就向光伏发电系统发出控制信号，以便能够及时切断分布式能源系统与电网的并联运行。

5.3 通信及通信技术要求

光伏发电站通信可分为站内通信与系统通信。通信设计应符合现行行业标准 DL/T

544—1994《电力系统通信管理规程》和 DL/T 598—1996《电力系统通信自动交换网技术规范》的规定。中、小型光伏发电站可根据当地电网实际情况对通信设备进行简化。

1. 站内通信应符合的要求

要求细则如下：

1）光伏发电站站内通信应包括生产管理通信和生产调度通信。

2）大、中型光伏发电站为满足生产调度需要，宜设置生产程控调度交换机，统一供生产管理通信和生产调度通信使用。

3）大、中型光伏发电站内通信设备所需的交流电源，应由能自动切换的、可靠的、来自不同站用电母线段的双回路交流电源供电。

4）站用通信设备可使用专用通信直流电源或 DC/DC 变换直流电源，电源宜为直流 48 V。通信专用电源的容量，应按发展所需最大负荷确定，以备在交流电源失电后能维持放电不小于 1 h。

5）光伏发电站可不单独设置通信机房，通信设备宜与线路保护、调度自动化设备共同安装于同一机房内。

2. 系统通信应符合的要求

要求细则如下：

1）光伏发电站应装设与电力调度部门联系的专用调度通信设施。通信系统应满足调度自动化、继电保护、安全自动装置及调度电话等对电力通信的要求。

2）光伏发电站与电力调度部门间应有可靠的调度通道。大型光伏发电站至电力调度部门应有两个相互独立的调度通道，且至少一个通道应为光纤通道。中型光伏发电站至电力调度部门宜有两个相互独立的调度通道。

3）光伏发电站与电力调度部门之间通信方式和信息传输应由双方协商一致后确定，并在接入系统方案设计中明确。

5.4 电能计量

5.4.1 电能计量的一般要求

光伏发电站电能计量点宜设置在电站与电网设施的产权分界处或合同协议中规定的贸易结算点；光伏发电站站用电取自公用电网时，应在高压引入线高压侧设置计量点。每个计量点均应装设电能计量装置。电能计量装置应符合现行行业标准 DL/T 448—2016

《电能计量装置技术管理规程》和 DL/T 5137—2018《电测量及电能计量装置设计技术规程》的规定。

光伏发电站应配置具有通信功能的电能计量装置和相应的电能量采集装置。同一计量点应安装同型号、同规格、准确度相同的主备电能表各一套。光伏发电站电能计量装置采集的信息应接入电力调度部门的电能信息采集系统。

5.4.2 电能的计量和采集

对于光伏电站、风电站、地热电站等大型新能源电站，通常采用高压（10 kV 或 35 kV）并网方式与电网进行交互。该类型电源装机容量较大，以“向外送电”为主，通常作为电源点使用。但由于其间歇性的特点，在夜间或无风等不满足发电的条件下，也需要从电网获取电能以满足电站自身的正常运转。高压并网新能源电站具有发电容量大、并网电压高等特点，其计量点设置应遵循以下原则：

1）设置应保证供电安全和可靠。

2）设置应保证计量公平、准确。

3）设置应能满足清洁能源鼓励政策的需要。

基于上述设置原则，高压并网新能源电站计量点可有以下 3 种典型设置方式。如图 5-4 所示。

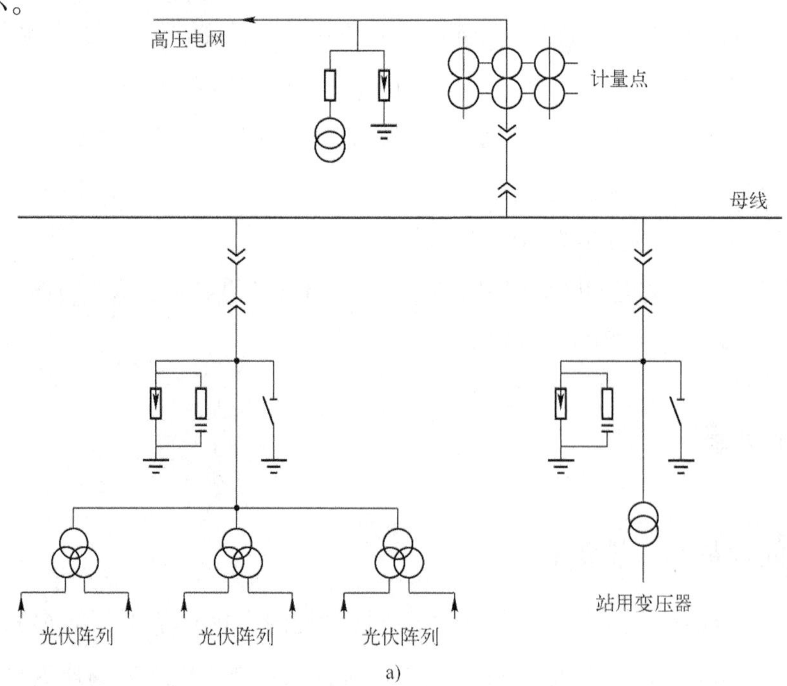

图 5-4 光伏电站发电高压并网电能计量点设置

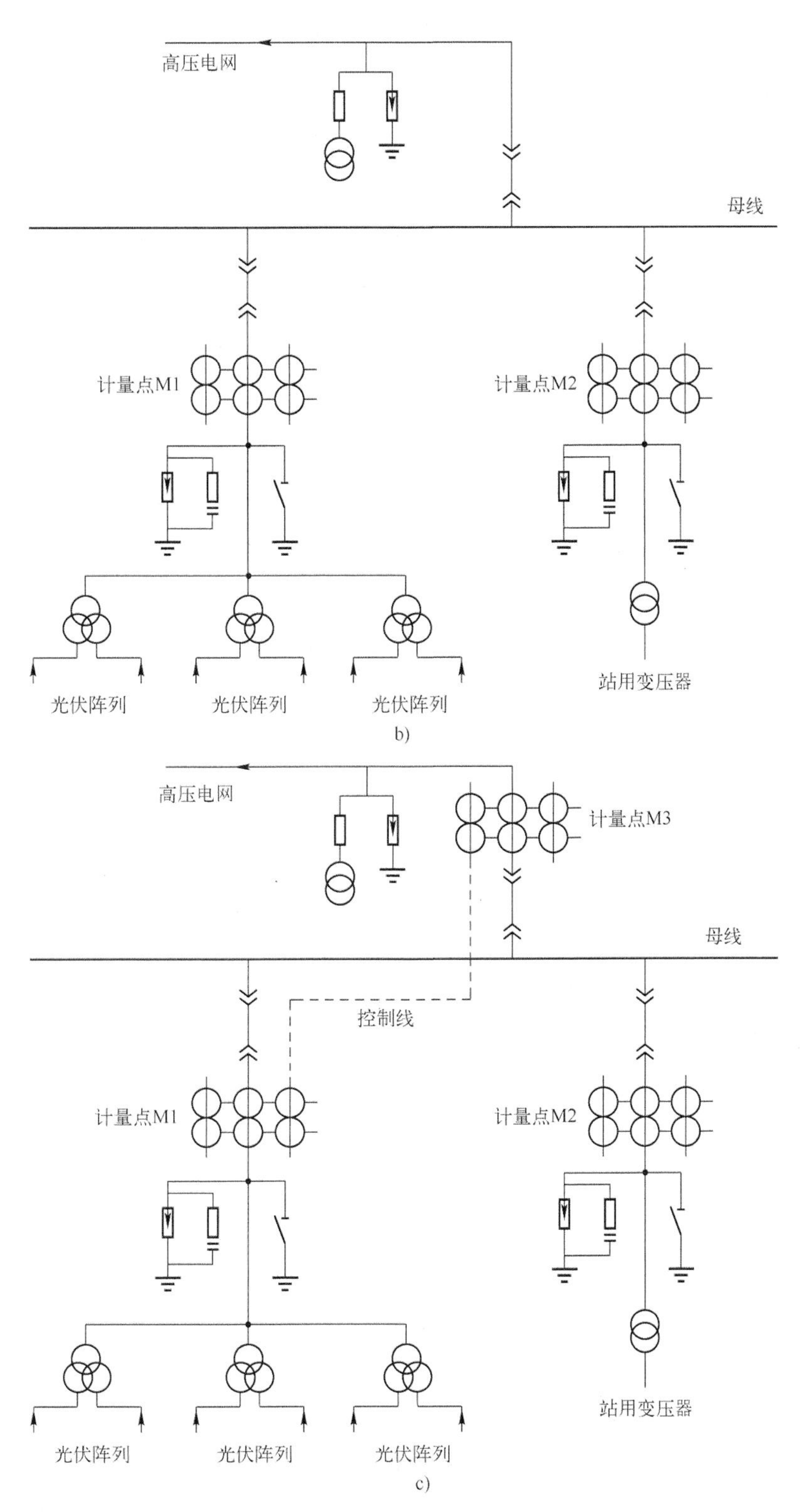

图 5-4　光伏电站发电高压并网电能计量点设置（续）
a）方式 1　b）方式 2　c）方式 3

（1）方式1

方式1可称之为单点设置方式，仅在主变出口的并网线路上设置双向计量点，分别用于计量新能源电站向电网输送的电能和电网向电站输送的电能。为同时保证上网电流和下网电流的准确计量，电流互感器应设置两组抽头，并分别进行调校。调校标准为：用于计量上网电流的二次绕组，应调整其在60%~30%额定值时具有最佳测量准确度；用于计量下网电流的二次绕组，应调整其在10%~1%额定值时具有最佳测量准确度。

（2）方式2

方式2可称之为双点设置方式，适用于对新能源发电并网发电有政策鼓励的情况，其不考虑站用电消耗的来源。图5-4中M1用于计量电站向电网输送的电能，M2用于计量电网向电站输送的电能。电站发电所得电费为

$$Fee=k_1\times W_1-k_2\times W_2$$

式中　k_2——电网销售电价，单位为元/(kW·h)；

k_1——新能源发电上网电价，单位为元/(kW·h)；

W_2——M2表计量的电能量，单位为kW·h；

W_1——M1表计量的电能量，单位为kW·h。

（3）方式3

方式3可称之为3点设置方式，适用于对新能源并网发电有政策鼓励的情况，能区分站用电消耗的来源。M3设置于主变压器出口的并网线路上，用于计量电站向电网输送的电能。M3同时监视线路潮流方向，当潮流反向时输出使能信号，控制M1启动计量。M1设置于电源合电流出口处，受M3控制，用于计量站用电消耗电量中由新能源发电提供的部分电能量。M2设置于站用变压器的进线端，用于计量站用电消耗的电量。电站发电所得电费为

$$Fee=k_1\times W_3-k_2\times(W_2-W_1)$$

式中　k_2——电网销售电价，单位为元/(kW·h)；

k_1——新能源发电上网电价，单位为元/(kW·h)；

W_3——M3表计量的电能量，单位为kW·h；

W_2——M2表计量的电能量，单位为kW·h；

W_1——M1表计量的电能量，单位为kW·h。

新能源发电高压并网电能计量点的3种设置方式各有特点：单点设置方式所需的计量设备数量最少，但对设备的调校要求较高；双点设置方式所需的设备数量多于单点方式，

但对设备的调校要求低于单点方式；三点设置方式所需的设备数量最多，对设备的调校要求与双点方式相同，但该方式能区分站用电消耗的来源，可以配合国家对新能源发电的鼓励政策。

5.5 本章小结

5.5.1 知识要点

序号	知 识 要 点	收获与体会
1	光伏电站并网的一般规定	
2	并网的无功调节应符合的技术要求	
3	并网电能质量要求	
4	电网异常时光伏电站的相应机制	
5	继电保护的技术要求	
6	光伏电站孤岛效应的概念及检测方法	
7	光伏电站通信的技术要求	
8	光伏电站电能的计量和采集	

5.5.2 思维导图

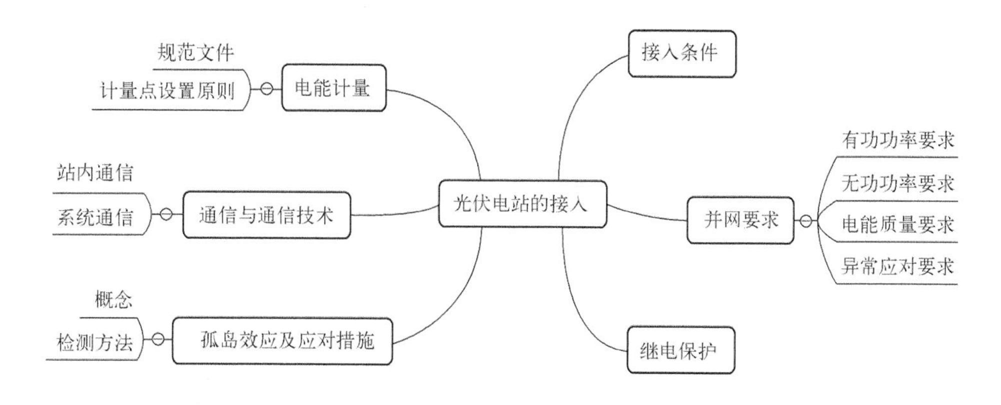

5.5.3 思考与练习

1）光伏电站并网的一般条件是什么？

2）并网的无功调节应符合的技术要求有哪些？

3）并网电能质量要求有哪些？

4）电网异常时光伏电站的应对机制有哪些？

5）简述继电保护的技术要求。

6）光伏电站孤岛效应的概念及检测方法有哪些？

7）简述光伏电站通信的技术要求。

8）光伏电站电能计量设置点应遵循哪些原则？

第6章　安全文明施工与职业健康

【学习目标】

➢ 了解文明施工的法律依据并能够进行安全文明施工规划的编制。

➢ 了解安全文明施工各部门的职责。

➢ 能够进行安全施工的管理。

➢ 了解施工单位的质量认证体系。

➢ 了解施工者职业健康的内涵。

➢ 了解一般紧急情况的处理。

【学习任务指导】

光伏电站的施工管理中，安全生产与职业健康的管理也是非常重要的一个环节，所谓职业健康安全管理体系，是由一系列标准构筑的一套系统，它表达了一种对组织的职业健康安全进行控制的思想，也给出了按照这种思想进行管理的一整套方法。职业健康安全管理体系是组织全部管理体系的一个组成部分，包括为确定、实施、评审和保持职业健康安全管理体系方针所需的组织机构、计划、程序、过程和资源。通过建立和保持职业健康安全管理体系，控制和降低职业健康安全风险，持续改进职业健康安全管理，从而达到预防和减少事故与职业病的最终目的。

6.1　安全文明施工总体规划

“安全生产”是根据《中华人民共和国安全生产法》强制实施的在生产经营活动中，采取各种安全措施，保证作业人员人身安全与健康，避免造成人员伤害、财产损失、设备和设施受损、环境遭受破坏，使生产过程符合规定条件，保证生产经营得以顺利进行的相关活动。概括地说，安全生产是指采取一系列措施使生产过程在符合规定的物质条件和工作秩序下进行，有效消除或控制危险和有害因素，无人身伤亡和财产损失等生产事故的发生，从而保障人员安全与健康、设备和设施免受损坏、环境免遭破坏，使生产经营活动得以顺利进行的一种状态。安全生产由法律强制实施，企业必须履行相关职责，这体现了“以人为本”的原则。

“文明施工”是指保持施工现场整洁、卫生，作业环境良好，各种材料、设备摆放整齐；现场的安全、技术、保卫、消防管理得当；生活设施清洁，工人行为文明，安全防护设施齐全；各项管理标准，施工组织科学，施工程序合理等综合管理水平的体现。

文明施工是一个企业综合管理水平的重要体现，也是安全文化最直接的体现。文明施工很多事项如保卫、消防、卫生、作业环境、人员行为文明、施工工艺与工序、场地布置等都与安全息息相关。任何一个人进入一个施工现场，假如现场的文明施工做得好，首先给人一种“安全感”；现场干净整洁，各种安全防护设施、警示标牌到位，对新进入施工现场的人员进行安全告知，材料堆放整齐，工人衣着整洁，各种劳动防护用品整齐佩戴等，使人没有感觉到脏、乱、差，看到的都是安全的景象，这就是安全文化的外在体现。试想一个没有深厚安全文化底蕴的队伍，不可能将施工现场管理得井井有条。假如再深入现场，看到施工按部就班，操作规范，人员行为文明，让人从心里踏实，感到施工的安全，这是安全文化的内在体现。总而言之，文明施工能让人们感觉到施工现场的安全文化氛围，让人们感觉到这个工地安全工作开展得扎实，是一个让人放心的工地。

《中华人民共和国安全生产法》中明确规定生产经营单位必须建立安全生产责任制，安全生产责任制的建立由生产经营单位的负责人组织制定并颁布，它是安全生产管理最基本的制度，安全生产实行的是“岗双责、党政同责、失职追责”的责任制度。也就是说安全生产“人人有责”，每一个领导、每个部门及每个人都有其职责范围和业务范围内的安全责任。只有每个人都重视安全生产，明了自己的安全职责，安全生产才会呈现“齐抓共管”的局面和氛围。

安全文明施工涉及施工现场各个环节，项目一进场就必须对安全文明施工进行总体规划。安全文明施工主要体现在施工现场，因此涉及文明施工的人员主要是施工管理部门、安全管理部门、施工队及作业班组。而其主要的责任部门主要是施工管理部门，由施工管理部门对整个项目的文明施工进行总体规划，并负责文明施工的布置及具体实施；其次是施工队及作业班组是按照施工管理部门的要求，执行各项文明施工事项并保持；安全管理部门只是一个监督管理部门，对施工现场文明施工没有按照标准、策划方案执行的，要及时指出，并督促其按照要求进行整改完善。因此安全文明施工的管理责任非常明确，只有按照这个职责去管理安全文明施工，才能在整个项目中建立安全文明施工管理的长效机制，才能推动安全文明施工的发展。

6.1.1 安全文明施工规划的编制

安全文明施工规划的编制一般包括编制依据、总体目标，施工职责，现场安全文明总规划，安全文明施工领导小组架构及职责，工程概况，安全文明施工中的难点，安全文明施工的初步策划及实施细则等方面，根据项目承建施工任务的特点，进行项目工程安全文明施工策划。

1. 编制依据

安全文明施工规划应以“安全第一、预防为主、综合治理”为指导方针，以规范光伏工程项目现场安全文明施工管理，全面推行建设工程安全文明施工标准化工作，提高安全作业环境水平，保障从业人员安全与健康，以绿色施工为目标，依据国家有关安全健康与环境保护的法律、法规和安全文明施工标准等文件，并结合实际项目建设具体情况制定规划。

2. 工程概况介绍

应说明相关工程项目的处所、技术要求、规划规模、项目法人情况、工程设计单位、施工单位、调试单位、监理单位、项目投资等具体情况。

3. 确立管理目标

创建安全文明施工工地，实现安全管理制度化、安全设施标准化、现场布置条理化、机料摆放定置化、作业行为规范化、环境影响最小化。在保证质量、安全等基本要求的前提下，通过科学管理和技术进步，最大限度地节约资源与减少对环境负面影响的施工活动，实现“四节一环保”（即节能、节地、节水、节材和环境保护）。

4. 组织机构

项目中应组建工程安全生产委员会，负责本工程安全文明施工管理工作的规划、部署，并协调解决工程建设过程中重大的安全文明施工问题。其中应设主任一名，副主任及委员若干，要明确各层级的具体安全责任。

5. 明确各方责任

（1）建设单位的责任

细则如下：

1）与施工单位签订安全管理责任书，明确工程安全管理责任。

2）负责组建项目安全生产委员会并定期召开会议，协调解决工程建设过程中重大的安全文明施工问题。

3）依法管理工程项目，坚持合理工期、合理造价，为安全文明施工创造条件。

4）委派专人负责工程项目安全文明施工管理工作，定期组织安全文明施工检查。

5）为施工、监理项目部建立安全绩效考核制度和激励机制。

（2）监理单位

工程建设监理单位依据法律、法规、工程建设强制性标准及工程建设监理合同实施监理，履行安全文明施工监理职责。

具体细则如下：

1）根据本规划，确定相应的控制措施。

2）在监理大纲、监理规划中明确工程项目安全监理目标、措施、计划和工作程序。

3）监督施工项目部自身安全保障体系的有效运转，严格审查安全文明施工方案和安全技术措施，并进行监督实施。

4）监理人员的责任意识和专业能力应满足安全控制要求，并配备合格的专职安全工程师。

5）对重要工序、危险性作业和特殊作业实施旁站监理。

6）控制工程关键节点（如开工、土建交付安装、安装交付调试以及整套启动、移交运行等）所具备的安全文明施工条件。

7）协调解决各施工承包商间交叉作业和工序交接中影响安全文明施工的问题，并进行跟踪控制。

8）每月至少组织一次安全文明施工检查，监督检查施工现场安全文明施工状况，发现问题及时督促整改，实行闭环管理。发现重大安全文明施工问题，要及时向项目安全生产委员会汇报。

（3）设计单位

工程设计单位应为工程建设全过程的安全文明施工提供与设计相关的技术服务和支持。

1）按照法律、法规和工程建设强制性标准进行设计，防止因设计不合理导致安全事故的发生。完善工程本体安全设施设计，为各类安全防护装置的使用创造条件。

2）充分考虑施工安全操作和防护的需要，对防范安全事故提出指导性意见，对于不符合施工安全和防护的设计要及时予以变更，并将变更情况及时通知施工单位和业主。

3）采用新技术、新工艺、新材料、新设备或特殊结构的工程，在设计文件中应有保障人员安全和预防事故的措施建议。

4）工程设备与材料选型必须符合国家有关安全健康与环境保护的要求。

5）及时交付图样，确保光伏电站开工初期就能划定区域，土建交付安装前能做到地下设施一次施工完成。

6）设计应对弃土堆放、避免水土流失、处置施工废弃物等提出合理措施。

7）设计应符合国家环保法律法规的要求。

（4）施工单位

施工单位是工程项目安全文明施工的主体，负责安全文明施工的具体实施。实施细则如下：

1）按照相应规划，编制有针对性的工程项目安全文明施工二次策划，提交监理审核后实施。

2）建立健全安全文明施工的各项规章制度和操作规程。

3）保证安全文明施工所需资金的投入，安全文明施工补助费用须专款专用，不得挪为他用。

4）开展危险点辨识及预控活动，编制有针对性的安全技术措施（方案），并确保措施（方案）的有效实施。

5）按规定配备合格的专（兼）职安全管理人员。

6）每月最少组织一次安全文明施工检查。

7）加强施工管理人员和作业人员的安全教育培训，特殊工种须持证上岗。

8）向施工人员提供合格的劳动保护及安全防护用品（用具），并监督其正确使用。

9）严格工程分包、劳务分包的安全管理，将农民工等临时作业人员的安全教育培训等纳入正式员工管理范畴。

10）遵守环境保护的法律、法规，倡导绿色施工，减少施工对环境的危害和污染。

11）为施工现场从事危险作业的人员办理意外伤害保险。

12）开展工程项目安全健康环境自评价工作。

6. 相关要求

（1）承包商办公区、生活区布置要求

要求如下：

1）光伏电站工程项目施工办公和生活临建房屋，应与施工区分区围护、隔离，临建设施主色调应与现场环境相协调。

2）项目监理部办公场所应独立于施工项目部设置。

（2）项目监理部、施工项目部办公区布置及办公设施要求

1）办公区和生活区应相对独立，办公区入口应设立项目部铭牌。施工项目部应设置

会议室，将安全文明施工组织机构图、安全文明施工管理目标、安全文明施工岗位责任制、工程施工进度横道图等设置于墙上。

2）办公室、会议室宜配备取暖设施、空调以及必要的办公、生活设备。

3）监理、施工承包商应具备工程文件资料的邮送条件，并能利用电子邮件、无线通信等实现图文、声讯信息的即时、可靠传递性，逐步推行建立工程项目管理网站（特殊项目受外部条件的限制除外）。

6.1.2 安全文明施工规范要求

要求如下：

1）视觉形象：通过施工总平面布置及规范建筑物、装置型设施、安全设施、标志、标识牌等式样、标准等，以达到现场视觉形象统一、整洁、醒目、美观的整体效果。

2）模块化管理：现场施工总平面应按实际功能划分为各个功能模块，分为办公区、生活区、施工区、设备材料堆放区。

3）施工区域化管理：施工现场实行安全文明施工责任区域化管理。按作业内容或施工区域，由网板、绝缘网、围栏等对作业场地进行围护、隔离、封闭，并设置安全标志、标识，明确安全责任人。

4）定置化管理：规划、绘制施工平面定置图，机料堆放实现定置化。

5）围墙：工程正式开工前，应先期修筑光伏电站围墙或临时院墙，便于进行封闭式管理。

6）施工场地。

① 施工场地应保持平整。基坑、沟道开挖出的土方应及时清运（条件允许可就地平整），运输车辆应车轮不带泥上公路，运输途中不遗洒。

② 混凝土搅拌站、砂石堆放场、库房、机械设备材料堆放、材料加工场以及停车场等场地结实、平整，地面无积水。

③ 孔洞及沟道临时盖板使用4~5 mm 厚花纹钢板（或其他材料）制作并涂以黑黄相间的警告标志和禁止挪用标志；直径1 m 以上（含1 m）的孔洞及高处临空面，应搭设红白相间的脚手架栏杆进行安全防护或设置钢管栏杆进行临边防护。

7）道路。

① 光伏电站施工必须先修筑进站硬化路面主干道和所区环形混凝土路面主干道路。所区内混凝土道路既可采用一次性浇筑成形的方案，也可采用先浇筑施工层，工程竣工前再浇筑移交层的方案，道路两侧应形成排水坡度。

② 办公区、生活区、材料加工场的人行便道路面硬化宽度不宜小于 1 m。

③ 道路混凝土面层浇注后，必须有效进行成品或半成品保护，对路面进行定期清扫，保证路面整洁。

④ 进工程现场的主干道两侧应设置国家标准式样的路标、交通标志、限速标志和区域警戒标识。施工现场内道路应设置施工区域指示标志。

8）大型标志牌：施工承包商应在办公区或施工区设置“四牌一图”（工程项目名称牌、工程项目管理目标牌、工程项目建设管理责任牌、安全文明施工纪律牌、施工总平面布置图），也可增设主要承包商简介、工程鸟瞰图等内容。

① 进入现场的机械设备、工器具、工具房、脚手管等，应经过整修、油漆，确保完好、整洁。

② 重要施工设备如起重机、混凝土搅拌机、电焊机、试验设备等要通过合格检验并通过监理审核，方可投入使用。

③ 各类机具应保持清洁，表面油漆完好，并悬挂醒目、规范的操作规程标牌。

④ 各类机具在现场露天使用时，应有牢固且标准适用的防雨设施，宜集中放置，且摆放整齐。

9）施工用电设施：电站施工用电严格按国家标准采用三相五线制，站内配电线路宜采用直埋电缆敷设，埋设深度不得小于 0.7 m，并在地面设置明显标志。如采用架空线，应按标准沿围墙布线，以满足现场临时用电需要。一、二、三次配电盘柜和便携式电源盘必须满足电气安全及相关技术要求，漏电保护器应定期试验，确保功能完好。

10）照明设施：施工作业区采用集中广式照明，局部照明采用移动立杆式灯架。

11）消防设施：按规定配备合格、有效的消防器材，并使用消防器材架、箱。易燃、易爆危险品必须设置专用危险品库房，并配置醒目标识，由专人严格管理。

12）饮水点：在适宜的地点设置工棚式饮水点，保持室内清洁、饮水洁净卫生。

13）吸烟室：在现场适宜的区域设置箱式或工棚式吸烟室，禁止流动吸烟。

6.1.3 绿色施工

绿色施工细则如下：

1）工程设计应充分考虑环保措施，山区基础宜采用全方位高低腿设计，林区采用高跨设计，以减少对原始地貌和自然环境的破坏。

2）按设计要求施工，严格控制基面开挖，杜绝出现“平地起坑”等现象，严禁随意弃土。

3）线路施工作业面尽可能少占耕地，基础开挖实行生熟土分离，施工后尽可能恢复植被。

4）砂石、水泥等施工材料必须铺垫，并及时清理施工遗留物。

5）灌注桩施工须设置泥浆沉淀池，禁止将泥浆直接排入农田、池塘。

6）山区施工宜尽量选用原有的小道作为小运道路，以减少对山体植被的破坏。

7）导地线展放作业尽可能采用跨越施工技术，应积极探索导线展放新技术，减少对跨越物的损害。

8）施工、生活废水不能随意排放；施工、生活垃圾分类回收，不能随意倾倒。

6.2 安全施工管理

施工现场安全管理是目前施工项目管理的重要任务，由于安全生产基础比较薄弱，保障体系和机制不健全，责任落实不到位等会造成了一系列安全事故，因此要从人员、管理体制、保障体系等方面重点加强施工现场安全管理，达到安全管理目标。

6.2.1 安全施工管理的必要性

施工现场不安全因素有人的不安全行为和物的不安全状态，人的不安全行为主要表现在身体缺陷、错误行为和违纪违章3个方面，统计资料表明88%的安全事故是由人的不安全行为造成的，人的生理和心理特点会直接影响人的不安全行为。而物的不安全状态表现为三个方面，即设备和装置的缺陷、作业场所的缺陷、物质和环境的危险源。设备和装备的技术性能降低、强度不够、结构不良、磨损、老化、失灵、腐蚀、物理和化学性能达不到要求及施工场地狭窄，立体交叉作业组织不当、多工种交叉作业不协调、道路狭窄、机械拥挤等都是施工项目不安全因素。

2003年11月，国务院发布《建设工程安全生产管理条例》，旨在加强建设工程安全生产监督管理，保障人民群众生命和财产安全。同年12月，建设部召开全国建设系统电视电话会议，指出，全国建设系统加强了建设工程安全法规和技术标准体系建设，施工作业和生产环境的安全、卫生、文明状况得到明显改善。施工现场的安全是安全管理的重要方面，因此，必须加强现场的管理，减少安全事故的发生。

6.2.2 安全施工管理措施

1. 领导重视，全员参与

促进和实施施工现场安全管理中全员参与是基础，领导重视是关键，不仅要使全员了解和认识安全贯标管理的重要性，从而靠自我调节和观念转变来增强安全意识；更需要企业主要领导者对安全的果断决策和精心策划。企业强化安全管理应采取的措施具体如下：

1）公司制订年度安全达标目标，对分管安全工作的领导实行安全业绩考核，奖罚分明，充分发挥激励机制的作用。

2）签订工程项目安全目标责任制，使项目经理明确安全目标，充分履行项目经理是工程项目安全生产管理第一责任人的权利和义务。

3）针对各项工程的性质和安全风险大小，落实安全生产所需经费，应专款专用，不挪为他用，严格把关并加以控制。

4）完成各项安全生产制度和职责的确定，各专项方案的编制和审批，从源头上抓起，保证安全措施落实。

5）加强教育与培训，对项目部项目经理由公司主管部门进行安全交底，新进场作业人员由公司、项目部、班组进行三级安全教育，同时应遵循一线操作工人安全知识与技能培训，做到“持证上岗，教育领先，交底在前”的原则。

2. 依法办事，长效管理

施工单位主要负责人依法对本单位的安全生产工作全面负责，施工单位应当建立、健全安全生产责任制度和安全生产教育培训制度，确定安全生产规章制度和操作规程，保证本单位安全产生条件所需的资金投入，对所承担的建设工程进行定期和专项检查。

施工单位的项目负责人应当由取得相应执业资格的人员担任，对建设工程项目的安全施工负责，落实安全生产责任制度、安全生产规章制度和操作规程，确保安全生产费用的有效使用，并根据工程特点组织确定安全施工措施，消除安全隐患，并及时、如实地报告生产安全事故。

生产经营单位与承（分）包单位、承租单位签订专门安全生产管理协议，在承（分）包合同、租赁合同中应明确各自的安全生产管理职责；未对承包单位、承租单位的安全生产统一协调、管理的，应责令限期改正；逾期未改正的，责令停产、停业整顿。

生产经营单位与从业人员签订协议，从业人员不服从管理、违反安全生产规章制度或操作规程的，由生产经营单位给予批评教育，依照有关规章制度给予处分；造成重大事故，构成犯罪的，依照刑法有关规定追究刑事责任。

6.2.3 现场安全生产保证体系的建立

施工现场安全生产保证体系标准是建筑施工企业内部实施施工现场安全全过程的管

理保障。自 1994 年始，不少建筑企业开展质量体系“三合一”贯标认证（ISO9000、ISO14001、ISO18001）的工作，因为“三合一”贯标确保企业各项管理职能部门能有效达到管理目标。施工现场安全生产保证体系标准坚持“以人为本”，从人、机、料、法、环 5 个不同的侧面确定了完整而系统的管理和控制模式要求。施工现场安全生产保证体系为企业引入一种新的安全管理模式，将安全管理单纯靠政府强制的被动行为转变为企业自愿参与的主动行为，从根本上实现了安全管理模式，从“事后查处”向“事前预防”的观念转变，从“外部要企业安全”向“企业自己要安全，企业会安全”的观念转变。

6.2.4 加强落实施工现场安全管理制度

凡进入施工现场的人员要严格执行《施工安全十大禁令》和《施工安全用电十大禁令》，遵守安全生产规程、规定。

抓生产必须抓安全，项目经理是工地生产工作的第一责任人，要建立健全各项安全生产责任制，并将安全生产责任落实到人，明确各人的责任。

对进入施工现场的人员要进行所从事工种的安全操作规程的教育，对分部分项工程进行针对性的安全技术交底，接受交底的人员须履行签字手续。

施工现场的各种专业管理人员、特殊作业人员必须按规定持证上岗，无证人员不得从事施工作业。

施工现场要按规定设置质安员，随时监督、检查、跟踪到位，发现事故隐患及时整改，对违章作业要严肃制止。

安全生产的宣传教育要实现经常化、制度化，在施工工地的主要施工部位、危险区域、作业点、通道中都必须张贴标语或警示牌。

总之，只有把施工现场安全管理提高到工程项目管理的高度，只有在建设工程中始终重视安全管理，才能真正构建政府统一领导、部门依法监管、企业全面负责、群众监督参与、社会广泛支持的安全生产格局。

6.3 职业健康管理

职业健康管理是为适应现代企业自身发展的要求而产生的安全生产管理模式，随着企业规模扩大和生产集约化程度提高，对企业的质量管理和经营模式提出了更高的要求。企业必须采用现代化的管理模式，使包括安全生产管理在内的所有生产经营活动科学化、规范化和法制化。在实施职业健康安全管理过程中要注意做好以下几方面工作。

（1）根据实际施工情况建立职业健康安全管理体系结构

建造好的体系结构，对以后体系的运营起到决定性的作用。首先要面对自己企业的实际情况，对施工组织模式、施工场所、技术工艺、职工素质进行科学细致的分析，建立企业自己的、易于操作执行的、简洁高效的管理手册、程序文件及体系支撑性文件。初建体系时，不好高骛远、不贪大求全，应面对实际、先易后难、逐步完善。职业健康安全管理体系作为一个新生事物，对它的认知会有一个过程，对体系的理解因人而异。相对于施工企业，施工周期长、施工条件恶劣、危害因素的接触较为频繁、风险发生概率大、伤害结果严重、施工人员素质相对较低等诸多因素决定了建筑施工行业安全工作的复杂性和难以把握的特点，所以前期应完成企业内部的调查分析，请熟悉行业并有相关认证经验的咨询公司，扎实做好体系建立的基础工作，建立一套简洁高效的管理手册和程序文件尤为重要。

（2）重视职业健康安全管理体系的宣贯工作

施工企业原有的安全管理制度运行多年，其中有许多经过实践证明行之有效的安全管理办法，职工思想上已形成长期惯性思维，为此在企业引入职业健康安全管理体系时要及时转变思想观念，改变原有的思维定式，消除对体系怀有疑惑、担心两种管理方式不兼容的这种错误思想，使职工认识到企业推行职业健康安全管理体系并不是要企业重新建立一套安全管理体制，而是要把体系与现行的安全管理体制有机地结合，使安全管理工作成为循序渐进、有章可循、自觉执行的管理行为。体系面对的对象是企业的各级员工，也靠基层的员工来执行的，所以体系的宣贯不能仅局限于管理层、高层，要普及到基层的员工。尤其在体系完成的试运行阶段，通过集中办班、印制通俗易懂的宣传册、企业的传媒宣传报道，在施工生产现场、班组工作间广泛宣传等形式多样的培训，宣传、普及体系知识，使职工在体系贯彻伊始就养成好的体系执行习惯。同时，培训出一批合格的体系内审员，做好体系的正常良性运作工作，能够及时找出体系的疏漏，不至于偏离方向。

（3）把握好职业健康安全管理体系在施工管理的重点控制环节

职业健康安全管理体系只是企业安全管理的载体，最终实现各项安全目标的控制还需要到施工过程中得以落实和实现，其效果检验也是在基层完成。体系执行得是否到位是安全目标得以实现的关键，为此在关键环节上应有的放矢、重点突破，解决好执行过程中的难点，并且要把握体系的几个重点控制环节。

（4）重视内审及外审

职业健康安全管理体系是个动态性很强的体系，它要求企业在实施职业健康安全管理体系时始终保持持续改进意识，对体系进行不断修正和完善，使体系功能不断加强。

通过内审这个自我检查过程，对于修正体系的偏差及加强体系的适应性，找出管理的弱点，具有自我调节、自我完善的重要作用。内审范围应全面、详细，对各职业安全健康目标记录的完整性都应进行全面评估，全面覆盖职业健康安全管理体系标准的 17 个要素和初始评审中辨识的重大危害和风险因素。内审的结果，将直接对体系是否符合标准、是否完成了企业的职业安全健康目标和指标进行判断，并使它能够与企业的其他管理活动进行有效融合，达到不断提高企业检查、纠错、验证、评审和改进职业安全健康工作的能力。

职业健康安全管理体系通过持续改进、周而复始地进行“计划、实施、监测、评审”活动过程，将安全系统工程的思想详尽阐述，将传统安全管理中相对割裂、独立的各管理环节融会贯通、环环相扣，全方位、深层次地覆盖企业安全管理中诸多要素。实现职业健康安全管理体系认证并有效运作已成为各光伏电站施工企业安全管理发展的必然趋势。

6.4 本章小结

6.4.1 知识要点

序号	知 识 要 点	收获与体会
1	文明施工的法律依据	
2	安全文明施工规划的编制和管理目标	
3	安全文明施工各部门的职责	
4	安全施工管理的主要内容	
5	施工者职业健康的内涵	
6	文明施工标牌的设置	

6.4.2 思维导图

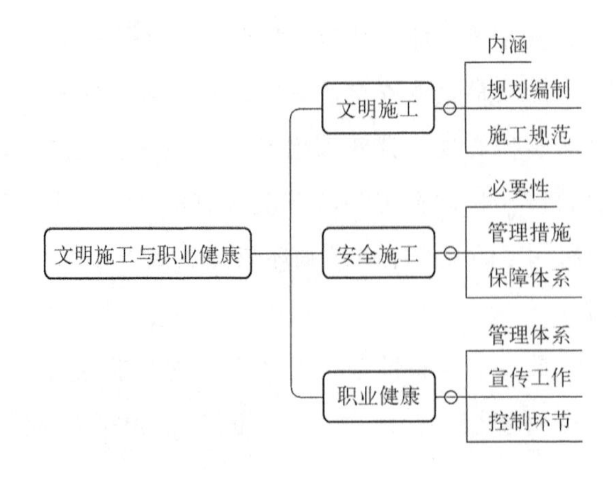

6.4.3 思考与练习

1）简述文明施工的法律依据。

2）简述安全文明施工规划编制和管理目标。

3）安全文明施工设计哪些部门？其职责有哪些？

4）安全施工管理的主要内容有哪些？

5）施工者职业健康的内涵是什么？

6）简述绿色施工的含义。

7）简述职业健康的内涵。

第7章　光伏电站的安全防护与消防

【学习目标】

- 了解建筑物火灾危险性分类。
- 了解变压器等带油电气设备的防火措施。
- 了解通信或控制电缆与电力电缆的防火要求。
- 了解光伏电站消防供电及应急照明要求。

【学习任务指导】

光伏电站投入使用后，安全防护与消防管理是平时运行维护中最重要的工作，相关消防探测、灭火及排烟设施需一并投入使用。要做好光伏电站的安全防护与消防工作，就要对建筑物火灾危险性分类有比较清晰地理解和认识，在变压器及其他带油电气设备的日常生产与维护中落实严格的安全防护与消防管理制度，对通信或控制电缆与电力电缆进行定期检修和维护，落实站内安全防护、消防给水、灭火设施及火灾报警、消防供电及应急照明等预防措施，从而保证光伏电站能正常、高效、稳定地运行、工作。

7.1　光伏电站火灾等级

随着光伏电站的迅速发展，越来越多的问题也开始暴露出来，其中光伏发电系统的火灾问题，特别是与建筑结合的分布式发电系统的火灾，也可能造成人身、财产的巨大损失，尤其应引起业内重视。只有搞好光伏电站建筑防火工作，才能保证光伏建筑工程从设计到施工再到投入使用的过程中符合国家标准和技术规范要求，从源头上消除火灾隐患；才能减少建筑火灾的发生或有效地控制火灾蔓延，为及时扑灭火灾创造有利条件，从而减少人员伤亡和财产损失。

光伏电站建筑物可以分为办公区、宿舍、主控室、高压室、站变室、仓库和其他建筑，在光伏电站的安全防护与消防领域，主要涉及厂房和仓库中的火灾危险性分类。生产的火灾危险性应根据生产中使用或产生的物质性质及其数量等因素划分，可分为甲、乙、丙、丁、戊这几类，并应符合表 7-1 中的规定。

表 7-1　生产的火灾危险性分类

生产的火灾危险性类别	使用或产生下列物质的生产的火灾危险性特征
甲	① 闪点小于 28℃的液体。 ② 爆炸下限小于 10%的气体。 ③ 常温下能自行分解或在空气中氧化能导致迅速自燃或爆炸的物质。 ④ 常温下受到水或空气中水蒸气的作用，能产生可燃气体并引起燃烧或爆炸的物质。 ⑤ 遇酸、受热、撞击、摩擦、催化以及遇有机物或硫酸等易燃的无机物，极易引起燃烧或爆炸的强氧化剂。 ⑥ 受撞击、摩擦或与氧化剂、有机物接触时能引起燃烧或爆炸的物质。 ⑦ 在密闭设备内操作温度不小于物质本身自燃点的生产
乙	① 闪点不小于 28℃但小于 60℃的液体。 ② 爆炸下限不小于 10%的气体。 ③ 不属于甲类的氧化剂。 ④ 不属于甲类的易燃固体。 ⑤ 助燃气体。 ⑥ 能与空气形成爆炸性混合物的浮游状态的粉尘、纤维、闪点不小于 60℃的液体雾滴
丙	① 闪点不小于 60℃的液体。 ② 可燃固体
丁	① 对不燃烧物质进行加工，并在高温或熔化状态下经常产生强辐射热、火花或火焰的生产。 ② 利用气体、液体、固体作为燃料或将气体、液体进行燃烧作为其他用途的各种生产。 ③ 常温下使用或加工难燃烧物质的生产
戊	常温下使用或加工不燃烧物质的生产

7.2　变压器及其他带油电气设备

依照我国火力发电厂与变电站设计防火规范要求，对于光伏电站中的变压器及其他带油电气设备，为了确保火力发电厂和变电站的消防安全，预防火灾或减少火灾危害，根据不同情况应该考虑设置防火间距、安全间隔及铺设鹅卵石等防护措施，其主要规定如下。

（1）防火间距

1）屋外油浸变压器及屋外配电装置与各建（构）筑物（如汽机房、屋内配电装置楼、主控楼、集中控制楼及网控楼）的间距不应小于 10 m；当汽机房侧墙外 5 m 以内布置有变压器时，在变压器外轮廓投影范围外侧各 3 m 内的汽机房外墙上不应设置门、窗和通风孔；当汽机房侧墙外 5~10 m 范围内布置有变压器时，在上述外墙上可设甲级防火门。变压器高度以上可设防火窗，其耐火极限不应小于 0. 90 h，这种情况下其防火间距可适当减小。油量为 2500 kg 及以上的屋外油浸变压器之间的最小间距应符合表 7-2 中的规定。

表 7-2　屋外油浸变压器之间的最小间距

电压等级/kV	最小间距/m
≤35	5
35~66	6
66~110	8
≥220	10

2）当油量为 2500 kg 及以上的屋外油浸变压器之间的防火间距不能满足表 7-2 的要求时，应设置防火墙。防火墙的高度应高于变压器油枕，其在变压器的储油池两侧的长度不应小于 1 m。

3）油量为 2500 kg 及以上的屋外油浸变压器或电抗器与本回路油量为 600~2500 kg 的带油电气设备之间的防火间距不应小于 5 m。

（2）安全间隔及储油或挡油设施

1）35 kV 及以下屋内配电装置未采用金属封闭开关设备时，其油断路器、油浸电流互感器和电压互感器应设置在两侧有不燃烧实体墙的间隔内；35 kV 以上屋内配电装置应安装在有不燃烧实体墙的间隔内，不燃烧实体墙的高度不应低于配电装置中带油设备的高度。总油量超过 100 kg 的屋内油浸变压器，应设置单独的变压器室。

2）屋内单台总油量为 100 kg 以上的电气设备，应设置储油或挡油设施。挡油设施的容积宜按油量的 20%设计，并应设置能将事故油排至安全处的设施。当不能满足上述要求时，应设置能容纳全部油量的储油设施。

3）屋外单台油量为 1000 kg 以上的电气设备，应设置储油或挡油设施。挡油设施的容积宜按油量的 20%设计，并应设置将事故油排至安全处的设施；当不能满足上述要求且变压器未设置水喷雾灭火系统时，应设置能容纳全部油量的储油设施。需要注意如下事项：

① 当设置有油水分离措施的总事故储油池时，其容量宜按最大一个油箱容量的 60%确定。

② 储油或挡油设施应大于变压器外廓每边各 1 m。

③ 储油设施内应铺设卵石层，其厚度不应小于 250 mm，卵石直径宜为 50~80 mm。

7.3 通信或控制电缆与电力电缆

在光伏电站中使用的电缆电线绝大部分是由软钢导线聚合物绝缘和聚合物护套组成，其统称为特殊用途聚合物电缆。这些专用“电线电缆”中包括布线、电力电缆、控制信号电缆、通信电缆及仪表线补偿导线等辅助线种。在设计制造中这些电缆也考虑到了防火、阻燃等问题，但当前对保证安全生产的要求更为严格，旧设计规定的防护措施，显得非常不够，须加以改进和提高。在所谓特殊场合中防火占极为重要的地位。防火一般是指使电缆不易燃烧和阻止燃烧后火焰的蔓延。电缆遍布整个发电站，主要用来传输能量和信号。用来传送和分配能量的电缆称为电力电缆，传输信号由控制电缆和通信电缆来实现。电缆一旦着火火势凶猛，蔓延迅速，同时抢修困难，有二次危害，有可能造成极大损失，因此对大型电厂、大型机组应按照高标准、严要求的原则搞好电缆防火工作。

1. 发电站工程施工中应注意的问题

在发电站新建工程中，应在以下施工部位实施阻火封堵：

1）主控室、高压室、消弧装置及站变室等各个电气设备室电缆出入口和电缆沟通向发电站围墙的出口处。

2）电缆夹层、电缆竖井、电缆沟等各类电缆经过地点。

3）各类设备一、二次电缆出入口。

4）各类控制屏柜、设备端子箱、场地端子箱、照明检修电源箱电缆出入口等。

5）在控制电缆沟公用沟道的分支处。

对于阻火封堵和阻火隔层所选用的防火堵料，其施工标准如下：

1）无机堵料。无机堵料是一种速凝型防火堵料，凝固后质地较硬，可配合细沙作为防火隔墙，也可单独使用。其可形成高强度的防火隔墙，并兼有防小动物的作用。施工时，在沟道中用砖间隔 20 cm 砌筑三道墙（形成两个填充仓），电缆穿过部位的缝隙应用砂浆填满，养护完成后，在两个仓中分别填充无机堵料和细沙。

2）有机堵料。有机堵料是一种耐干型防火封堵材料，质地较软，用它便于检修和电缆的更换，为施工提供了方便。施工时，将有机堵料填充在电缆周围，一般为电缆外径的 2~3 倍，厚度不小于孔洞厚度。阻火封堵、防火墙和阻火隔层所设计的耐火极限应不少于 1 h。工程竣工后应及时组织有关单位的工程技术人员进行验收，对于验收中发现的问题，应责令施工单位限期处理。处理完毕，验收单位应在验收单上签字，作为发电站电缆防火工作分项工程的验收意见。在进行电缆设计选型时，应根据计算的载流量和经济可行的原则，尽量选择较大的电缆截面积，以防止因电缆过载而发生火灾。在进行电缆接头施工时，施工单位应严把施工质量关，确保接头安装质量，杜绝因为接头过热引起的事故。建设单位应严把设计、施工和电缆材料质量关。建设单位要选择有相应资质的设计单位、施工单位进行电缆设计和施工。另外，应注意选择经消防部门认可的电缆及其防火材料，防止不合格的产品进入电网运行。

2. 发电站电缆的防火措施

可根据实际情况，选用阻燃或者耐火电缆。一般阻燃型电缆具有低烟、低毒性，较适合用于有人巡视的场合；耐火型电缆可在规定温度和时间内，保持回路的通电状态，较适用于重要回路。目前发电站新建工程基本上采用阻燃型电缆，同时在重要回路中选用耐火型电缆。此外，要实施防火措施，在适当的位置设置阻火分隔。阻火分隔由以下三部分组成：

1）在电缆引至电气柜、电气盘、电气台和电气屏的开孔处和电缆贯穿隔墙楼板的孔洞处，实施阻火封堵。

2）在隧道或重要回路的电缆沟的重要部位设置防火墙。按照国家标准 GB 50229—2019《火力发电厂与变电所设计防火规范》的要求，长度超过 100 m 的电缆沟或电缆隧道，均应采取防止电缆火灾蔓延的阻燃或分隔措施。电缆沟或电缆隧道长度<100 m，可按“分支沟道或主沟道的火灾不相互影响运行”原则，在公用主沟道的分支处和公用主沟道中间设置防火墙。

3）在电缆竖井内，约每隔 7 m 设置阻火隔层。对于正在运行的非阻燃型明敷电缆，在今后的发电站改造工程中可予以统一更换。在未更换之前，应实施阻燃防护或阻止延燃的措施，特别在容易受外因波及着火的场所应实施阻燃防护，在适当部位设置防火段阻止延燃，以及在电缆接头两侧采用防火包带阻止延燃等。此外应在发电站中设置电缆火灾自动检测报警和自动灭火消防装置。在电缆层、控制室、高压室、电缆竖井和电容器室等之内均设置火灾自动检测报警，并按照消防有关规程设置自动灭火消防装置，以达到“及早发现，及早报警，控制火情”的目的。最后还要加强巡查。由于目前发电站已经全面实现“无人值守”，因此日常的巡视检查应列为防止火灾的重要措施之一。所谓“隐患险于明火”，是指在发现隐患时，应及时采取措施进行处理。

7.4 站区安全防护设施

安全防护是指为防止生产活动中可能发生的人员误操作、人身伤害或外因引发的设备（施）损坏，而设置的安全标志、设备标志、安全警戒线和安全防护的总称。

安全防护措施是对接触人员造成危险的部件采取的防护装置，包括安全网、孔洞盖板、防护围栏、防护栏杆、脚手架、操作平台等。

7.5 消防给水、灭火设施及火灾报警

在进行光伏发电站的规划和设计时，应同时设计消防给水、灭火设施及火灾报警系统。

1. 消防给水

当电站内的建筑物满足耐火等级不低于二级，建筑物单体体积不超过3000 m^3且火灾危险性为戊类时，可不设置消防给水系统。

依据光伏发电站的设计规范，在设计消防给水系统时，要满足以下规定：

1）光伏发电站同一时间内的火灾次数应按一次确定。

2）光伏发电站消防给水量应按火灾时一次最大消防用水量的室内和室外消防用水量之和计算。

3）含逆变器室、就地升压变压器的光伏方阵区不宜设置消防水系统。

4）除采用水喷雾主变压器消火栓的光伏电发站之外，光伏电发站屋外配电装置区域可不设置消火栓。

电站室外消火栓用水量不应小于表7-3中的规定。

表7-3 室外消火栓用水量 （单位：L/s）

建筑物耐火等级	建筑物火灾危险性类别	建筑物体积/m^3			
		≤1500	150~3000	3001~5000	5001~20000
一、二级	丙类	10	15	20	25
	丁、戊类	10	10	10	15
	生活建筑	10	15	15	20

注：① 室外消火栓用水量应按消防用水量最大的一座建筑物计算。

② 当变压器采用水喷雾灭火系统时，变压器室外消火栓用水量不小于10 L/s。

电站室内消火栓用水量不应小于表7-4中的规定。

光伏发电站内建（构）筑物符合下列条件时可不设室内消火栓：

1）耐火等级为一、二级且可燃物较少的单层和多层的丁、戊类建筑物。

表 7-4　室内消火栓用水量

<table>
<tr><th>建筑物名称</th><th>高度、体积</th><th>消火栓用水量/(L/s)</th><th>同时使用水枪数量/支</th><th>每支水枪最小流量/(L/s)</th><th>每根竖管最小流量/(L/s)</th></tr>
<tr><td rowspan="3">综合控制楼、配电装置楼、继电器室、变压器室、电容器室</td><td>高度≤24 m
体积≤10000 m³</td><td>5</td><td>2</td><td>2. 5</td><td>5</td></tr>
<tr><td>高度≤24 m
体积>10000 m³</td><td>10</td><td>2</td><td>5</td><td>10</td></tr>
<tr><td>高度≤24~50 m</td><td>25</td><td>5</td><td>5</td><td>15</td></tr>
<tr><td>其他建筑</td><td>高度≤24 m
体积≤10000 m³</td><td>10</td><td>2</td><td>5</td><td>10</td></tr>
</table>

2）耐火等级为三级且建筑体积小于 3000 m^3 的丁类建筑物和建筑体积不超过 5000 m^3 的戊类建筑物。

3）室内没有生产、生活用水管道，室外消防用水取自储水池且建筑体积不超过 5000 m^3 的建筑物。

其中，消防管道、消防水池的设计应符合现行国家标准 GB 50016—2014《建筑设计防火规范》的规定。

2. 灭火设施

单台容量为 125 MV · A 及以上的主变压器应设置水喷雾灭火系统、合成型泡沫灭火喷雾系统或其他固定式灭火系统装置。其他带油电气设备宜采用干粉灭火器。当油浸式变压器布置在地下室时，宜采用固定式灭火系统。

当油浸式变压器采用水喷雾灭火时，水喷雾灭火系统的设计应符合现行国家标准 GB 50219—2014《水喷雾灭火系统技术规范》的规定。

光伏发电站的建（构）筑物与设备火灾类别及危险等级应符合表 7-5 中的规定。

表 7-5　建（构）筑物与设备火灾类别及危险等级

建（构）筑物名称	火灾危险类别	危 险 等 级
综合控制楼（室）	E（A）	严重
配电装置楼（室）	E（A）	中
逆变器室	E（A）	中
继电器室	E（A）	中
油浸变压器（室）	B	中
电抗器	B	中
电容器室	E（A）	中
蓄电池室	C（A）	中

（续）

建（构）筑物名称	火灾危险类别	危险等级
电缆夹层	E（A）	中
生活消防水泵房	A	轻
污水、雨水泵房	A	轻
警卫室	A	轻
车库	B	中

灭火器的设置应符合现行国家标准 GB 50140—2015《建筑灭火器配置设计规范》的规定。

3. 火灾自动报警系统

大型或无人值守的光伏发电站在综合控制楼（室）、配电装置楼（室）、继电器间、可燃介质电容器室、电缆夹层及电缆竖井处应设置火灾自动报警系统。电站主要建（构）筑物和设备火灾探测报警系统应符合表 7-6 中的规定。

表 7-6　主要建（构）筑物和设备火灾探测报警系统

建（构）筑物和设备	火灾探测器类型
综合控制楼（室）	感烟
配电装置楼（室）	感烟
电缆层和电缆竖井	线型感温
继电器室	感烟
可燃介质电容器室	感烟

火灾自动报警系统的设计应符合现行国家标准 GB 50116—2018《火灾自动报警系统设计规范》的规定。

说明：消防控制室应与电站主控制室合并设置。

7.6　消防供电及应急照明

1. 光伏发电站的消防供电应符合的要求

其细则如下：

1）消防水泵、火灾探测报警、火灾应急照明应按Ⅱ类负载供电。

2）消防用电设备采用双电源或双回路供电时，应在最末一级配电箱处自动切换。

3）应急照明可采用蓄电池为备用电源，其连续供电时间不应小于 20 min。

2. 火灾应急照明和疏散标志应符合的要求

其细则如下：

1）电站主控室、配电装置室和建筑疏散通道应设置应急照明。

2）人员疏散用的应急照明的照度不应该低于 0. 5lx，连续工作应急照明不应低于正常照明照度值的 10%。

3）应急照明灯宜设置在墙面或顶棚上。

7.7 本章小结

7.7.1 知识要点

序号	知 识 要 点	收获与体会
1	光伏建筑物火灾危险性分类	
2	光伏变压器等带油电气设备的防火措施	
3	光伏通电电缆与电力电缆的防火技术参数	
4	发电站工程施工中应注意的防火事项	
5	发电站电缆的防火措施	
6	站区安全光伏装置的安设	
7	站区消防给水的要求	
8	站区的消防供电及应急照明的要求	

7.7.2 思维导图

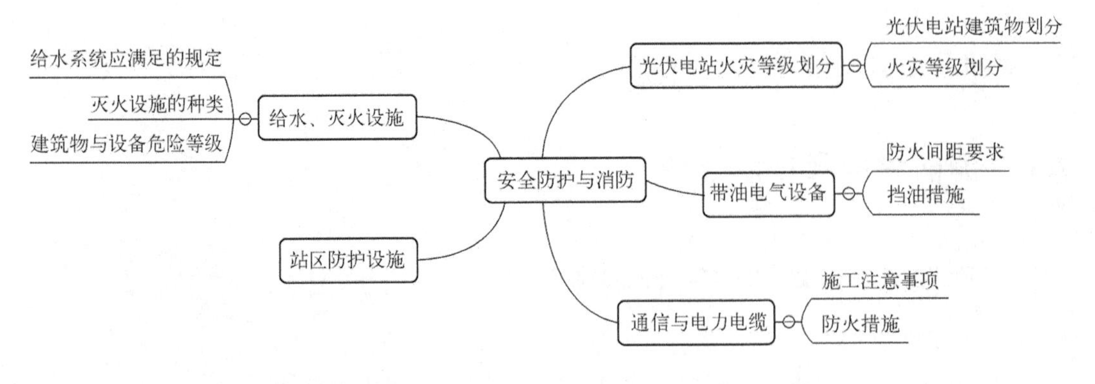

7.7.3 思考与练习

1）光伏建筑物火灾危险性分类？

2）光伏电站的涉及建筑物有哪几类？

3）光伏变压器等带油电气设备的防火措施有哪些？

4）简述光伏通电电缆与电力电缆的防火技术参数。

5）光伏电站工程施工中应注意的防火事项有哪些？

6）光伏电站电缆的施工注意事项和防火措施有哪些？

7）站区消防给水的要求是什么？

8）站区的消防供电及应急照明要求有哪些？

第 8 章　光伏电站的调试与验收

【学习目标】

➢ 熟悉光伏电站验收的一般规定。
➢ 了解光伏电站验收单位的工作职责。
➢ 熟悉光伏电站验收的工作流程。
➢ 能够进行光伏电站验收资料的整理。
➢ 了解光伏电站施工验收的原则。
➢ 掌握电气设备的测试与验收。
➢ 了解光伏电站并网测试的内容和流程。

【学习任务指导】

光伏电站的有效运行需要完备、可靠的电站质量评估作为依据和支撑。特别是像光伏电站的评估涉及股权融资、财务分析、产权交易、保险等方面，针对这些方面都需要完备的电站质量评估作为依据，包括效率分析、发电量预估、能耗分析等。此外，业主对电站质量的性能要求，电站后续改进等也需要数据依据与技术支持，例如电站设计、质量控制、运维方法改进、电站效率分析等。光伏电站的总体性能评估包括光伏电站的额定功率、年辐照量、并网光伏组件参数、电池的年平均结温等，评估参数对光伏电站的运行及改进提供了数据依据。此外组件串并联损失、逆变器效率、变压器效率、其他设备效率、温升损失及线损还有组件的衰减、遮挡、灰尘等影响电站发电效率和能效比的因素都是电站性能检测的项目。

8.1　光伏电站的验收管理

8.1.1　光伏电站验收的一般规定

1. 工程验收依据的内容

细则如下：

1）国家现行有关法律、法规、规章和技术标准。

2）有关主管部门的规定。

3）经批准的工程立项文件、调整概算文件。

4）经批准的设计文件、施工图样及相应的工程变更文件。

2. 工程验收项目的主要内容

细则如下：

1）检查工程是否按照批准的设计进行建设。

2）检查已完工程在设计、施工、设备制造安装等过程中与质量相关资料的收集、整理和签证归档情况。

3）检查施工安全管理情况。

4）检查工程是否具备运行或进行下一阶段工作的条件。

5）检查工程投资控制和资金使用的情况。

6）对验收遗留问题提出处理意见。

7）对工程建设进行评价和结论。

3. 工程验收结论要求

工程验收结论应经验收委员会（工作组）审查通过。

4. 验收时效性

当工程具备验收条件时，应及时组织验收。未经验收或验收不合格的工程不得交付使用或进行后续工程施工。验收工作应相互衔接，不应重复进行。

5. 工程验收负责方的要求

单位工程验收应由单位工程验收组负责；工程启动验收应由工程启动验收委员会负责；工程试运和移交生产验收应由工程试运和移交生产验收组负责；工程竣工验收应由工程竣工验收委员会负责。

6. 验收资料的收集等工作

验收资料收集、整理应由工程建设有关单位按要求及时完成并提交，并对提交的验收资料进行完整性、规范性检查。

7. 验收资料分类

验收资料分为应提供的档案资料和需备查的档案资料。

有关单位应保证其提交资料的真实性并承担相应责任。

8.1.2 验收单位的职责

工程验收中相关单位职责应符合下列要求。

（1）建设单位职责

其中应包括：

1）组织或协调各阶段验收及验收过程中的管理工作。

2）参加各阶段、各专业组的检查、协调工作。

3）协调解决验收中涉及合同执行的问题。

4）提供工程建设总结报告。

5）为工程竣工验收提供工程竣工报告、工程概预算执行情况报告、工程结算报告及水土保持、环境保护方案执行报告。

6）配合有关单位进行工程竣工决算及审计工作。

（2）勘察、设计单位职责

其中应包括：

1）对土建工程与地基工程有关的施工记录校验。

2）负责处理设计中的技术问题，负责必要的设计修改。

3）对工程设计方案和质量负责，为工程验收提供设计总结报告。

（3）施工单位职责

其中应包括：

1）提交完整的施工记录、试验记录和施工总结。

2）收集并提交完整的设备装箱资料、图样等。

3）参与各阶段验收并完成消除缺陷工作。

4）协同建设单位进行单位工程、启动、试运行和移交生产验收前的现场安全、消防、治安保卫、检修等工作。

5）按照工程建设管理单位要求提交竣工资料，移交备品备件、专用工具、仪器仪表等。

（4）调试单位职责

其中应包括：

1）负责编写调试大纲，并拟订工程启动方案。

2）系统调试前全面检查系统条件，保证安全措施符合调试方案要求。

3）对调试中发现的问题进行技术分析并提出处理意见。

4）调试结束后提交完整的设备安装调试记录、调试报告和调试工作总结等资料，并确认是否具备启动条件。

（5）监理单位职责

其中应包括：

1）负责组织分项、分部工程的验收。

2）根据设计文件和相关验收规范对工程质量进行评定。

3）对工程启动过程中的质量、安全、进度进行监督管理。

4）参与工程启动调试方案、措施、计划和程序的讨论，参加工程启动调试项目的质量验收与签证。

5）检查和确认进入工程启动的条件，督促工程各施工单位按要求完成工程启动的各项工作。

（6）生产运行单位职责

其中应包括：

1）参加工程启动、工程试运和移交生产、工程竣工等验收阶段工作。

2）参加编制验收大纲，并验收签证。

3）参与审核启动调试方案。

4）负责印制生产运行的规程、制度、系统图表、记录表单等。

5）负责准备各种备品、备件、安全用具等。

6）负责投运设备已具备调度命名和编号，且设备标识齐全、正确，并向调度部门递交新设备投运申请。

（7）设备制造单位职责

其中应包括：

1）负责进行技术服务和指导。

2）及时消除设备制造缺陷，处理制造单位应负责解决的问题。

8.1.3 光伏电站验收流程

光伏电站验收流程详见表 8-1。

表 8-1 光伏电站并网验收流程

序 号	管理程序	工 作 内 容	时 限 要 求	职 责 岗 位
1	申请提交	满足国网技术规定、光伏电站并网调度协议等相关国家标准中的相关要求，提出光伏电站并网测试方案后向所属地提交并网验收申请书，地区调度同意后上报省调技术处。	光伏电站并网前15个工作日	光伏电站、地区调度

（续）

序　号	管理程序	工 作 内 容	时 限 要 求	职 责 岗 位
2	申请受理	对拟并网光伏电站的验收申请进行审查，对符合条件的予以确认通知	收到申请书后5个工作日内	省级调度新能源管理专工
3	成立验收专家组	通过地区调度验收后，省级调度下发通知，组织成立光伏电站验收专家组，成员至少包括：省级调度（技术处、自动化处）、研究院能源专家、相邻地调、本地地区调度有关人员		省级调度新能源管理专工
4	验收准备	拟并网光伏发电站在收到确认通知后，与省级调度协商验收具体事宜，根据《光伏电站并网验收资料》要求准备验收资料，并进行现场验收准备		光伏电站
5	组织验收	组织验收专家组和相关专业技术人员按照《光伏电站并网必备条件验收确认书》对拟并网光伏电站进行并网验收。验收采取会议验收方式，进行资料审查和现场设备审查，根据验收大纲组织验收	光伏电站首次并网前5个工作日	省级调度新能源管理专工
6	问题处理	向拟并网光伏电站管理方书面反馈验收意见，对验收中发现的重要问题，要求光伏电站管理方及时进行整改。整改完成后，其重新向调度机构提出验收申请，直到满足并网要求为止	按验收要求	省级调度新能源专工
7	验收确认	验收组出具验收报告，经省级调度领导批准后，由技术处通知拟并网光伏电站提交启动送电申请时间	按省级调度规程	验收专家组
8	启动送电	拟并网光伏电站向所属地区调度提交新设备启动申请，地区调度同意后报省级调度批复	按省级调度规程	光伏电站、地区调度

省级调度（省调）是在大区电力系统调度领导下负责分管省区范围电力系统的调度工作。地区调度（地调）是在省级调度领导下负责地区电力网络的工作。两者的工作范围不同：

- 省级调度：管辖220kV及以下省内电力线路和变电所，以及所属电厂，并管理地区调度的工作，编制所辖电力系统的负载预测和调度计划，进行联络线偏移控制、所辖电力系统运行情况的安全监视和分析，编制统计报表。
- 地区调度：管理110kV及以下变电所及送配电线路，掌握和分析用电负载情况，并配合做好计划用电工作。进行监视点的电压自动调整、所辖电网运行情况的安全监视和分析，编制统计报表。

8.1.4　光伏电站验收资料整理

提供审查的验收资料清单如下：

1）光伏电站并网必备条件确认书。

2）光伏电站设备配置情况、设备的使用及维护说明书（电子版和书面文档）。

3）批复文件。

4）光伏电站并网调度协议。

5）光伏电站相关运行管理制度、反事故预案（电子版和书面文档）。

6）光伏电站并网验收资料汇编（注：根据光伏电站并网验收资料要求，针对光伏电站并网必备条件验收确认书中的每一页内容，提供支持性文件资料，装订成册，并提供电子版）。

8.2 光伏电站的施工验收

8.2.1 土建工程的验收

土建工程验收细则：

1）土建工程的验收应包括光伏组件支架基础、场地及地下设施和建（构）筑物等分部工程的验收。

2）施工记录、隐蔽工程验收文件、质量控制、自检验收记录等有关资料应完整齐备。

3）光伏组件支架基础验收应符合下列要求：

① 混凝土独立（条形）基础的验收应符合现行国家标准 GB 50204—2015《混凝土结构工程施工质量验收规范》的有关规定。

② 桩基础的验收应符合现行国家标准 GB 50202—2018《建筑地基基础工程施工质量验收标准》的有关规定。

③ 外露的金属预埋件（预埋螺栓）应进行防腐处理。

④ 屋面支架基础施工不应损害建筑物的主体结构，不应破坏屋面的防水构造，且与建筑物承重结构的连接应牢固、可靠。

⑤ 支架基础的轴线、标高、截面尺寸及垂直度以及预埋螺栓（预埋件）的尺寸偏差应符合现行国家标准 GB 50794—2012《光伏发电站施工规范》的规定。

4）场地及地下设施的验收应符合下列要求：

① 场地平整的验收应符合设计要求。

② 道路的验收应符合设计的要求。

③ 电缆沟的验收应符合设计的要求，电缆沟内应无杂物，盖板齐全，堵漏及排水设

施应完好。

④ 场区给排水设施的验收应符合设计的要求。

5）建（构）筑物的验收。逆变器室、配电室、综合楼、主控楼、升压站、围栏（围墙）等分项工程的验收应符合现行国家标准 GB 50300—2013《建筑工程施工质量验收统一标准》，GB 50205—2001《钢结构工程施工质量验收规范》和设计的有关规定。

8.2.2 安装工程的验收

验收细则如下：

1）安装工程验收应包括对支架安装、光伏组件安装、汇流箱安装、逆变器安装、电气设备安装、防雷与接地安装、线路及电缆安装等分部工程的验收。

2）设备制造单位提供的产品说明书、试验记录、合格证件、安装图纸、备品备件和专用工具及其清单等应完整齐备。

3）设备抽检记录和报告、安装调试记录和报告、施工中的关键工序检查签证记录、质量控制、自检验收记录等资料应完整齐备。

4）支架安装的验收应符合下列要求：

① 固定式支架安装的验收应符合的要求：

- 固定式支架安装的验收应符合现行国家标准 GB 50205—2001《钢结构工程施工质量验收规范》的有关规定。
- 采用紧固件的支架，紧固点应牢固，不应有弹垫未压平等现象。
- 支架安装的垂直度、水平度和角度偏差应符合现行国家标准 GB 50794—2012《光伏发电站施工规范》的有关规定。
- 固定式支架安装的偏差应符合现行国家标准 GB 50794—2012《光伏发电站施工规范》的有关规定。
- 对于手动可调式支架，高度角调节动作应符合设计要求。
- 固定式支架的防腐处理应符合设计要求。
- 金属结构支架应与光伏方阵接地系统可靠连接。

② 跟踪式支架安装的验收应符合的要求：

- 跟踪式支架安装的验收应符合现行国家标准 GB 50205—2001《钢结构工程施工质量验收规范》的有关规定。
- 采用紧固件的支架，紧固点应牢固，弹垫不应有未压平等现象。
- 当跟踪式支架工作在手动模式下时，手动动作应符合设计要求。

• 具有限位手动模式的跟踪式支架，限位手动动作应符合设计要求。
• 自动模式动作应符合设计要求。
• 过风速保护应符合设计要求。
• 通、断电测试应符合设计要求。
• 跟踪精度应符合设计要求。
• 跟踪控制系统应符合技术要求。

5）光伏组件安装的验收应符合下列要求：

① 光伏组件安装的验收应符合的要求：

• 光伏组件安装应按设计图纸进行，连接数量和路径应符合设计要求。
• 光伏组件的外观及接线盒、连接器不应有损坏现象。
• 光伏组件间接插件连接应牢固，连接线应进行处理，应整齐、美观。
• 光伏组件安装倾斜角度偏差应符合现行国家标准 GB 50794—2012《光伏发电站施工规范》的有关规定。
• 光伏组件边缘高差应符合现行国家标准 GB 50794—2012《光伏发电站施工规范》的有关规定。
• 方阵的绝缘电阻应符合设计要求。

② 布线的验收应符合的要求：

• 光伏组件串、并联方式应符合设计要求。
• 光伏组件串标识应符合设计要求。
• 光伏组件串开路电压和短路电流应符合现行国家标准 GB 50794—2012《光伏发电站施工规范》的有关规定。

6）汇流箱安装的验收应符合下列要求：

① 箱体安装位置应符合设计图样要求。

② 汇流箱标识应齐全。

③ 箱体和支架连接应牢固。

④ 采用金属箱体的汇流箱应可靠接地。

⑤ 安装高度和水平度应符合设计要求。

7）逆变器安装的验收应符合下列要求：

① 设备的外观及主要零、部件不应有损坏、受潮现象，元器件不应有松动或丢失。

② 对调试记录及资料应进行复核。

③ 设备的标签内容应符合要求，应标明负载的连接点和极性。

④ 逆变器应可靠接地。

⑤ 逆变器的交流侧接口处应有绝缘保护。

⑥ 所有绝缘和开关装置功能应正常。

⑦ 散热风扇工作应正常。

⑧ 逆变器通风处理应符合设计要求。

⑨ 逆变器与基础间连接应牢固可靠。

⑩ 逆变器悬挂式安装的验收还应符合下列要求：

- 逆变器和支架连接应牢固可靠。
- 安装高度应符合设计要求。
- 水平度应符合设计要求。

8）电气设备安装的验收应符合下列要求：

① 变压器和互感器安装的验收应符合现行国家标准 GB 50148—2010《电气装置安装工程　电力变压器、油浸电抗器、互感器施工及验收规范》的有关规定。

② 高压电器设备安装的验收应符合现行国家标准 GB 50147—2010《电气装置安装工程　高压电器施工及验收规范》的有关规定。

③ 低压电器设备安装的验收应符合现行国家标准 GB 50254—2014《电气装置安装工程　低压电器施工及验收规范》的有关规定。

④ 盘、柜及二次回路接线安装的验收应符合现行国家标准 GB 50171—2012《电气装置安装工程　盘、柜及二次回路接线施工及验收规范》的有关规定。

⑤ 光伏电站监控系统安装的验收应符合的要求：

- 线路敷设路径相关资料应完整齐备。
- 布放线缆的规格、型号和位置应符合设计要求，线缆排列应整齐美观，外皮无损伤；绑扎后的电缆应互相紧密靠拢，外观平直整齐，线扣间距均匀、松紧适度。
- 信号传输线的信号传输方式与传输距离应匹配，信号传输质量应满足设计要求。
- 信号传输线和电源电缆应分离布放，可靠接地。
- 传感器、变送器安装位置应能真实地反映被测量值，不应受其他因素的影响。
- 监控软件功能应满足设计要求。
- 监控软件应支持标准接口，接口的通信协议应满足建立上一级监控系统的需要及调度的要求。
- 监控系统的任何故障不应影响被监控设备的正常工作。
- 通电设备都应提供符合相关标准的绝缘性能测试报告。

⑥ 继电保护及安全自动装置的技术指标应符合现行国家标准 GB/T 14285—2006《继电保护和安全自动装置技术规程》的有关规定。

⑦ 调度自动化系统的技术指标应符合现行行业标准 DL/T 5003—2017《电力系统调度自动化设计技术规程》和电力二次系统安全防护规定的有关规定。

⑧ 无功补偿装置安装的验收应符合现行国家标准 GB 50147—2010《电气装置安装工程 高压电器施工及验收规范》的有关规定。

⑨ 调度通信系统的技术指标应符合现行行业标准 DL/T 544—2012《电力通信运行管理规程》和 DL/T 598—2010《电力系统自动交换电话网技术规范》的有关规定。

⑩ 检查计量点装设的电能计量装置，其配置应符合现行行业标准 DL/T 448—2016《电能计量装置技术管理规程》的有关规定。

9）防雷与接地安装的验收应符合下列要求：

① 光伏方阵过电压保护与接地安装的验收应符合的要求：

- 光伏方阵过电压保护与接地的验收应依据设计的要求进行。
- 接地网的埋设和材料规格型号应符合设计要求。
- 连接处焊接应牢固、接地网引出应符合设计要求。
- 接地网接地电阻应符合设计要求。

② 电气装置的防雷与接地安装的验收应符合现行国家标准 GB 50169—2016《电气装置安装工程 接地装置施工及验收规范》的有关规定。

③ 建筑物的防雷与接地安装的验收应符合现行国家标准 GB 50057—2010《建筑物防雷设计规范》的有关规定。

10）线路及电缆安装的验收应符合下列要求：

① 架空线路安装的验收应符合现行国家标准 GB 50173—2014《电气装置安装工程 60 kV 及以下架空电力线路施工及验收规范》或 GB 50233—2014《110 kV ~ 500 kV 架空输电线路施工及验收规范》的有关规定。

② 光伏方阵直流电缆安装的验收应符合的要求：

- 直流电缆规格应符合设计要求。
- 标志牌应装设齐全、正确、清晰。
- 电缆的固定、弯曲半径、有关距离等应符合设计要求。
- 电缆连接接头应符合现行国家标准 GB 50168—2018《电气装置安装工程 电缆线路施工及验收标准》的有关规定。
- 直流电缆线路所有接地的接点与接地极应接触良好，接地电阻值应符合设计要求。

● 防火措施应符合设计要求。

③ 交流电缆安装的验收应符合现行国家标准 GB 50168—2018《电气装置安装工程 电缆线路施工及验收标准》的有关规定。

8.2.3 安全防范工程的验收

验收细则如下：

1）设计文件及相关图纸、施工记录、隐蔽工程验收文件、质量控制、自检验收记录及符合现行国家标准 GB 50348—2018《安全防范工程技术标准》的试运行报告等资料应完整齐备。

2）安全防范工程的验收应符合下列要求：

① 系统的主要功能和技术性能指标应符合设计要求。

② 系统配置，包括设备数量、型号及安装部位，应符合设计要求。

③ 设备安装、管线敷设和隐蔽工程的验收应符合现行国家标准 GB 50348《安全防护工程技术标准》的有关规定。

④ 报警系统、视频安防监控系统、出入口控制系统的验收等应符合现行国家标准 GB 50348—2018《安全防范工程技术标准》的有关规定。

8.3 电气设备的测试与验收

电气设备电气试验是在电气设备安装工作全部完成以后，检查所有电气设备在运输过程中部件是否受损、安装工艺是否良好，以确保投运后安全稳定运行的工作。在安装期间必须检查关键电气设备的子系统和部件，对于增设或更换的现有设备，需要检查其是否符合 GB/T 16895.33—2017《低压电气装置 第 5-56 部分：电气设备的选择和安装 安全设施》标准，并且不能损害现有设备的安全性能。首次和定期检查要求由专业人员通过专业设备来完成。

8.3.1 电气设备测试准备

电气设备的测试必须符合 GB/T 16895.23—2012《低压电气装置 第 6 部分：检验》的要求。测量仪器和监测设备及测试方法应参照 GB/T 18216.1—2012《交流 1000 V 和直流 1500 V 以下低压配电系统电气安全 防护措施的试验、测量或监控设备 第 1 部分：通用要求》的相关要求。如果使用另外的设备代替，设备必须达到同一性能和安全等级。在测试过程中如发现不合格，需要对之前所有项目逐项重新测试。在适当的情况下应按照下面顺序进行逐项测试：

1）交流电路的测试必须符合 GB/T 16895. 23—2012 要求。

2）保护装置和等势体的连接匹配性测试。

3）极性测试。

4）组串开路电压测试。

5）组串短路电流测试。

6）功能测试。

7）直流回路的绝缘电阻测试。

按一定方式串联、并联使用的光伏组件伏安特性曲线应具有良好的一致性，以减小方阵组合损失；优化设计的光伏子系统组合损失应不大于 8%。

8. 3. 2　设备参数测试

1. 汇流箱的试验项目

（1）测量汇流箱内电气一次元件的绝缘电阻

使用仪器、设备包括兆欧表一只、1000 V 万用表一只。调试应具备的条件有：

1）汇流箱、直流柜安装完毕，并符合安装规程要求，已办理完安装验收签证。

2）检查汇流箱直流柜外观，内部线连接正确，正负极标识正确。

（2）调试步骤和方法

1）总回路电缆绝缘测试。分别测量断路器下口相间和相对地的绝缘电阻并记录数据，大于 0. 5 MΩ 为合格。

2）确认电缆回路。通知直流柜侧人员确认电缆连接是否正确。

2. 直流柜的试验项目

（1）测量直流柜内电气一次回路的绝缘电阻

使用仪器设备包括兆欧表一只、1000 V 万用表一只，调试应具备的条件有：

1）直流柜安装完毕，并符合安装规程要求，已办理完安装验收签证。

2）检查直流柜外观，内部线连接正确，正负极标识正确。

（2）调试步骤和方法

1）测量各支路、干路和电缆绝缘测试。分别测量相间和相对地的绝缘电阻并记录数据，大于 0. 5 MΩ 为合格。

2）用万用表确认回路极性是否连接正确。

3. 低压柜的调试项目

（1）一次回路绝缘测试，断路器机构检查

（2）开关电动操作，状态指示检查

检查使用仪器设备包括兆欧表一只、1000 V 万用表一只，调试应具备的条件有：

1）低压交流柜安装完毕，并符合安装规程要求，已办理完安装验收签证。

2）交流柜外观检查，内部线连接正确，相序标识正确。

3）进出线电缆敷设完毕。

4）有操作电源并且能够可靠动作。

（3）调试步骤和方法

1）测量进出线电缆绝缘电阻。分别测量相间和相对地的绝缘电阻并记录数据，大于 0.5 MΩ 为合格。应确定相序正确。

2）测量各开关绝缘电阻并记录数据，大于 0.5 MΩ 为合格。

3）电动操作各断路器机构灵活，状态正确为合格。

4. 逆变器

（1）调试应具备的条件

在调试之前，应对设备的安装情况进行彻底检查，应该用万用表特别检查直流和交流端的电压是否符合逆变器的要求，以及极性、相序是否正确。检查系统的连接是否均已经符合相关标准规范的要求。试运行前需要确保交流侧、直流侧所有开关均为断开状态。

（2）逆变器检查

在逆变器上电前需要对其进行一系列检查：

1）按照“安装检查清单”检查逆变器的安装、接线情况。

2）确保交直流断路器都处于断开状态。

3）确保急停按钮已经放开，并可以正常工作。

5. 变压器的检查

细则如下：

1）检查高压侧、低压侧绝缘和两侧的接线组别。

2）温控系统电阻是否插好。

3）变压器本体是否干净、接线相序检查。

4）检查步骤如下：

① 用 2500 V 兆欧表测试高压侧绝缘电阻电阻值大于 10 MΩ 为合格。

② 用 1000 V 兆欧表测试低压侧绝缘电阻电阻值大于 0.5 MΩ 为合格。

8.3.3 电站并网测试

在并网准备工作完毕，并确认无误后，可开始进行并网调试。

步骤如下。

1）合上逆变器电网侧前端断路器，用示波器或电能质量分析仪测量网侧电压和频率是否满足逆变器并网要求。并观察液晶显示与测量值是否一致，如不一致，且误差较大，则需核对参数设置是否与所要求的参数一致，如两者不一致，则修改参数设置，比较测量值与显示值的一致性；如两者一致，而显示值与实测值误差较大，则需重新定标处理。

2）在电网电压、频率均满足并网要求的情况下，任意合上一至两路太阳能汇流箱断路器，并合上相应的直流配电柜断路器及逆变器断路器，观察逆变器状态；测量直流电压值与显示值是否一致（如不一致，且误差较大，则需核对参数设置是否与所要求的参数一致，如两者不一致，则修改参数设置，比较测量值与显示值的一致性；如两者一致，而显示值与实测值误差较大，则需重新定标处理）。

3）交流、直流均满足并网运行条件，且逆变器无任何异常，可以点击触摸屏上“运行”按钮并确定，启动逆变器并网运行，并检测直流电流、交流输出电流，比较测量值与显示值是否一致；测量三相输出电流波形是否正常，机器运行是否正常。

注意：如果在试运行过程中，听到异响或发现逆变器有异常，可通过触摸屏上停机按钮或前门上紧急停机按钮停止机器运行。

4）机器正常运行后，可在此功率状态下，验证功率限制、启停机、紧急停机、安全门开关等功能。

5）以上功能均验证完成并无问题后，逐步增加直流输入功率（可考虑分别增加到10%、25%、50%、75%、100%功率点），试运行逆变器（通过合汇流箱与直流配电柜的断路器并改变逆变器输出功率限幅值来调整逆变器运行功率），并检验各功率点运行时的电能质量（PF值，THD值、三相平衡等）。

6）以上各功率点运行均符合要求后，初步试运行调试完毕。

备注：以上试运行，需由企业技术人员在场指导、配合调试，同时需有相关设备供应商、系统集成商等多单位紧密配合，相互合作，共同完成。

8.4 光伏电站项目验收

8.4.1 光伏电站启动验收

1. 验收的一般规定

规定细则如下：

1）具备工程启动验收条件后，施工单位应及时向建设单位提出验收申请。

2）多个相似光伏发电单元可同时提出验收申请。

3）组建工程启动验收委员会。工程启动验收委员会应由建设单位组建，由建设、监理、调试、生产、设计、政府相关部门和电力主管部门等有关单位组成，施工单位、设备制造单位等参建单位应列席工程启动验收。工程启动验收委员会主要职责应包括下列内容：

① 应组织建设单位、调试单位、监理单位、质量监督部门编制工程启动大纲。

② 应审议施工单位的启动准备情况，核查工程启动大纲。全面负责启动的现场指挥和具体协调工作。

③ 应组织批准成立各专业验收小组，批准启动验收方案。

④ 应审查验收小组的验收报告，处理启动过程中出现的问题。组织有关单位消除缺陷并进行复查。

⑤ 应对工程启动进行总体评价，应签署符合本书附录D要求的《工程启动验收鉴定书》。

2. 工程启动验收

验收细则如下：

1）工程启动验收前完成的准备工作应包括下列内容：

① 应取得政府有关主管部门批准文件及并网许可文件。

② 应通过并网工程验收，内容包括：涉及电网安全生产管理体系的验收；电气主接线系统及场（站）用电系统的验收；继电保护、安全自动装置、电力通信、直流系统、光伏电站监控系统等的验收；二次系统安全防护的验收；对电网安全、稳定运行有直接影响的电厂其他设备及系统的验收。

2）单位工程施工完毕，应已通过验收并提交工程验收文档。

3）完成工程整体自检。

4）调试单位应编制完成启动调试方案并应通过论证。

5）通信系统与电网调度机构连接应正常。

6）电力线路应已经与电网接通，并已通过冲击试验。

7）保护开关动作应正常。

8）保护定值应正确、无误。

9）光伏电站监控系统各项功能应运行正常。

10）并网逆变器应符合并网技术要求。

3. 工程启动验收主要工作

其应包括下列内容：

1）应审查工程建设总结报告。

2）应按照启动验收方案对光伏发电工程启动进行验收。

3）对验收中发现的缺陷应提出处理意见。

4）应签发《工程启动验收鉴定书》。

8.4.2 光伏电站试运行与生产验收

1. 验收的一般规定

细则如下：

1）工程启动验收完成并具备工程试运行和移交生产验收条件后，施工单位应及时向建设单位提出工程试运行和移交生产验收申请。

2）工程试运行和移交生产验收组应由建设单位组建，由建设、监理、调试、生产运行、设计等有关单位组成。

3）工程试运行和移交生产验收组主要职责应包括的内容：

① 应组织建设单位、调试单位、监理单位、生产运行单位编制工程试运行大纲。

② 应审议施工单位的试运行准备情况，核查工程试运行大纲。全面负责试运行的现场指挥和具体协调工作。

③ 应主持工程试运行和移交生产验收交接工作。

④ 应审查工程移交的生产条件，对遗留问题责成有关单位限期处理。

⑤ 应办理交接签证手续，签署符合规范的《工程试运行和移交生产验收鉴定书》。

2. 工程试运行和移交生产验收

细则如下：

1）光伏发电工程单位工程和启动验收应均已合格，并且工程试运行大纲经试运行和移交生产验收组批准。

2）与公共电网连接处的电能质量应符合有关现行国家标准的要求。

3）设备及系统调试，宜在天气晴朗，太阳辐射强度不低于400 W/m^2的条件下进行。

4）生产区内的所有安全防护设施应已验收合格。

5）运行维护和操作规程管理维护文档应完整齐备。

6）光伏发电工程经调试后，从工程启动开始无故障连续并网运行时间不应少于光伏组件接收总辐射量累计达60 kW·h/m^2的时间。

7）光伏发电工程主要设备（光伏组件、并网逆变器、变压器等）各项试验应全部完成且合格，记录齐全完整。

8）生产准备工作应已完成。

9）运行人员应取得上岗资格。

3. 工程试运行和移交生产验收主要工作

其应包括下列内容：

1）应审查工程设计、施工、设备调试、生产准备、监理、质量监督等总结报告。

2）应检查工程投入试运行的安全保护设施、措施是否完善。

3）应检查监控和数据采集系统是否达到设计要求。

4）应检查光伏组件面接收总辐射量累计达 60 kW·h/m^2的时间内无故障连续并网运行记录是否完备。

5）应检查光伏方阵电气性能、系统效率等是否符合设计要求。

6）应检查并网逆变器、光伏方阵各项性能指标是否达到设计的要求。

7）应检查工程启动验收中发现的问题是否整改完成。

8）工程试运行过程中发现的问题应责成有关单位限期整改完成。

9）应确定工程移交生产期限。

10）应对生产单位提出运行管理要求与建议。

11）应签发《工程试运行和移交生产验收鉴定书》。

8.4.3 光伏电站竣工验收

细则如下：

1）工程竣工验收应在试运行和移交生产验收完成后进行。

2）工程竣工验收委员会的组成及主要职责应包括的内容：

① 工程竣工验收委员会应由有关主管部门会同环境保护、水利、消防、质量监督等行政部门组成。建设单位及设计、监理、施工和主要设备制造（供应）商等单位应派代表参加竣工验收。

② 工程竣工验收委员会主要职责应包括的内容：

- 应主持工程竣工验收。
- 应审查工程竣工报告。
- 应审查工程投资结算报告。
- 应审查工程投资竣工决算。
- 应审查工程投资概预算执行情况。
- 应对工程遗留问题提出处理意见。

● 应对工程进行综合评价，签发符合本书附录 E 要求的《工程竣工验收鉴定书》。

3）工程竣工验收条件应符合的要求：

① 工程应已经按照施工图样全部完成，并已提交建设、设计、监理、施工等相关单位签字、盖章的总结报告，历次验收发现的问题和缺陷应已经整改完成。

② 消防、环境保护、水土保持等专项工程应已经通过政府有关主管部门审查和验收。

③ 竣工验收委员会应已经批准验收程序。

④ 工程投资应全部到位。

⑤ 竣工决算应已经完成并已通过竣工审计。

4）工程竣工验收资料应包括的内容：

① 工程竣工决算报告及其审计报告。

② 竣工工程图样。

③ 工程概预算执行情况报告。

④ 水土保持、环境保护方案执行报告。

⑤ 工程竣工报告。

5）工程竣工验收主要工作应包括的内容：

① 应检查竣工资料是否完整齐备。

② 应审查工程竣工报告。

③ 应检查竣工决算报告及其审计报告。

④ 应审查工程预、决算执行情况。

⑤ 当发现重大问题时，验收委员会应停止验收或者停止部分工程验收，并督促相关单位限期处理。

⑥ 应对工程进行总体评价。

⑦ 应签发《工程竣工验收鉴定书》(见附录 E)。

8.5 本章小结

8.5.1 知识要点

序　号	知 识 要 点	收获与体会
1	光伏电站验收一般规定的基本内容	

（续）

序　号	知 识 要 点	收获与体会
2	电站验收单位的基本职责	
3	光伏电站并网验收的流程	
4	光伏电站验收资料文档的验收	
5	光伏电站施工验收的一般原则	
6	土建工程的验收原则	
7	安装工程的验收原则	
8	光伏汇流箱的验收要求	
9	电气设备安装验收要求	
10	防雷与接地的验收要求	
11	安防工程的验收要求	
12	电气设备的测试与验收标准	
13	逆变器应具备的验收条件	
14	光伏电站的并网测试	
15	光伏电站的试运行和生产验收	
16	光伏电站的竣工验收	

8.5.2　思维导图

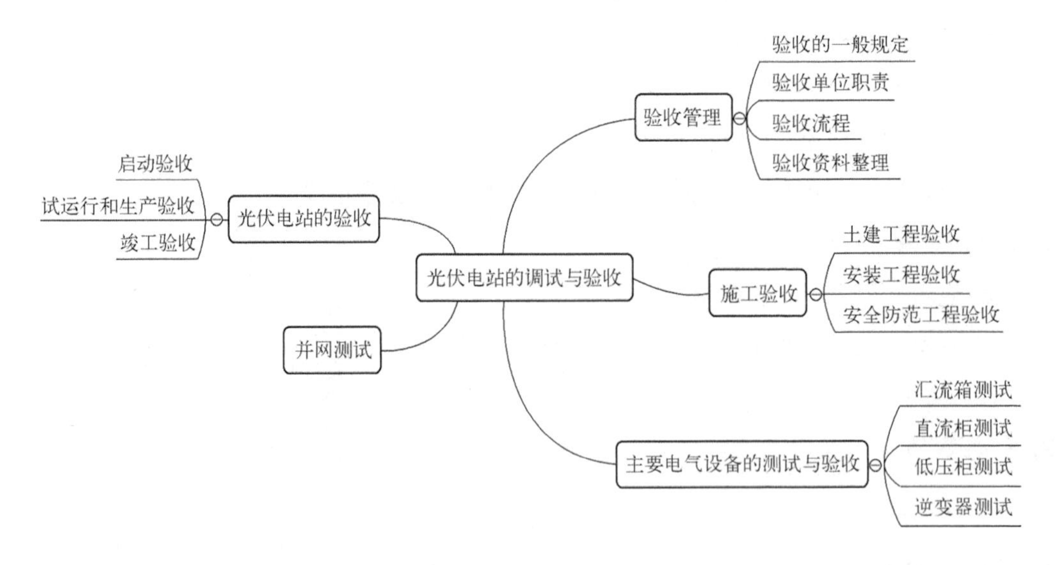

8.5.3　思考与练习

1）简述光伏电站验收一般规定的基本内容。

2）简述光伏电站验收单位的基本职责。

3）简述光伏电站并网验收的流程。

4）光伏电站施工验收的一般原则。

5）土建工程和安装工程的验收原则。

6）需要进行参数测试的主要设备有哪些？需要测试哪些参数？

7）并网测试的一般流程是什么？

8）防雷与接地的验收要求是什么？

9）安防工程的验收要求是什么？

10）光伏电站启动验收的主要工作内容是什么？

11）光伏电站试运行和生产验收的主要工作是什么？

附　　录

附录A　光伏电站施工相关规范名录

一、通用部分

1. 《建设工程质量管理条例》(中华人民共和国国务院令第279号)；

2. 《电力建设工程质量监督规定（暂行）》(电建质监［2005］52号)；

3. 《关于规范电力建设工程项目质量监督注册手续的通知》(电建质监［2005］21号)；

4. 《工程质量监督工作导则》(建质［2003］162号)；

5. 《电力建设工程施工技术管理导则》(国电电源［2002］896号)；

6. 《关于电力建设必须严格执行国家基本建设程序的通知》(国电总［2001］646号)；

7. 《实施工程建设标准强制性监督规定》(建设部令第81号［2000］)；

8. 《工程建设标准强制性条文》(房屋建筑部分)(建标［2002］219号)；

9. 《工程建设标准强制性条文》(电力工程部分)(建标［2006］102号)；

10. 《电力建设安全健康与环境管理工作规定》(国电电源［2002］49号)；

11. 《国家计委关于基本建设大中型项目开工条件的规定》(计建设［1997］252号)；

12. 《建筑业企业资质管理规定》(建设部令第159号［2007］)；

13. 《工程监理企业资质管理规定》(建设部令第158号［2007］)；

14. GB/T 50326—2017《建设工程项目管理规范》；

15. DL/T 5434—2019《电力建设工程监理规范》；

16. 《建筑工程施工图设计文件审查暂行办法》(建设［2000］41号)；

17. 《建设工程质量检测管理办法》(建设部令第141号［2005］)；

18. JGJ 190—2010《建筑工程检测试验技术管理规范》；

19. 房屋建筑工程和市政基础设施工程实行见证取样和送检的规定（建建［2000］211号)；

20. 《电力建设房屋工程质量通病防治工作规定》(电建质监［2004］18号)；

21. 《电力建设文明施工规定及考核办法》(电建［1995］543 号)；

22. DA/T 28—2002《国家重大建设项目文件归档要求与档案整理规范》；

23. NB/T 32037—2017《光伏发电建设项目文件归档与档案整理规范》。

二、光伏发电标准

1. GB/T 37655—2019《光伏与建筑一体化发电系统验收规范》；
2. GB/T 37408—2019《光伏发电并网逆变器技术要求》；
3. GB/T 37409—2019《光伏发电并网逆变器检测技术规范》；
4. GB/T 35691—2017《光伏发电站标识系统编码导则》；
5. GB/T 35694—2017《光伏发电站安全规程》；
6. GB/T 34936—2017《光伏发电站汇流箱技术要求》；
7. GB/T 33599—2017《光伏发电站并网运行控制规范》；
8. GB/T 32900—2016《光伏发电站继电保护技术规范》；
9. GB/T 32512—2016《光伏发电站防雷技术要求》；
10. GB/T 31365—2015《光伏发电站接入电网检测规程》；
11. GB/T 34933—2017《光伏发电站汇流箱检测技术规程》；
12. GB/T 34931—2017《光伏发电站无功补偿装置检测技术规程》；
13. GB/T 31999—2015《光伏发电系统接入配电网特性评价技术规范》；
14. GB/T 31366—2015《光伏发电站监控系统技术要求》；
15. GB/T 29321—2012《光伏发电站无功补偿技术规范》；
16. GB/T 19964—2012《光伏发电站接入电力系统技术规定》；
17. GB/T 37658—2019《并网光伏电站启动验收技术规范》；
18. NB/T 32047—2018《光伏发电站土建施工单元工程质量评定标准》；
19. NB/T 10114—2018《光伏发电站绝缘技术监督规程》；
20. GB/T 30153—2013《光伏发电站太阳能资源实时监测技术要求》；
21. GB/T 6495. 1—1996《光伏器件 第 1 部分：光伏电流-电压特性的测量》。

三、电气标准

1. DL/T 5161. 1—2018《电气装置安装工程质量检验及评定规程 第 1 部分：通则》；

2. GB/T 16895. 18—2010《建筑物电气装置 第 5-51 部分：电气设备的选择和安装通用规则》；

3. DL/T 5161. 13—2018《电气装置安装工程质量检验及评定规程 第 13 部分：电力变流设备施工质量检验》；

4. DL/T 5161.8—2018《电气装置安装工程质量检验及评定规程 第8部分：盘、柜及二次回路接线施工质量检验》；

5. DL/T 5161.10—2018《电气装置安装工程质量检验及评定规程 第10部分：66kV及以下架空电力线路施工质量检验》；

6. DL/T 5161.6—2018《电气装置安装工程质量检验及评定规程 第6部分：接地装置施工质量检验》；

7. DL/T 5161.2—2018《电气装置安装工程质量检验及评定规程 第2部分：高压电器施工质量检验》；

8. DL/T 5161.11—2018《电气装置安装工程质量检验及评定规程 第11部分：通信工程施工质量检验》；

9. GB/T 35710—2017《35kV及以下电压等级电力变压器容量评估导则》；

10. DL/T 1848—2018《220kV和110kV变压器中性点过电压保护技术规范》；

11. DL/T 584—2017《3kV~110kV电网继电保护装置运行整定规程》；

12. DL/T 5210.5—2018《电力建设施工质量验收规程 第5部分：焊接》。

四、建筑标准

1. SB/T 11211—2017《建筑工程材料采购与验收技术规范》；

2. DL/T 5210.1—2012《电力建设施工质量验收及评定规程 第1部分：土建工程》；

3. QX/T 105—2018《雷电防护装置施工质量验收规范》；

4. GB/T 37168—2018《建筑施工机械与设备 混凝土和砂浆制备机械与设备安全要求》；

5. GB/T 1499.3—2010《钢筋混凝土用钢 第3部分：钢筋焊接网》；

6. JB/T 12078—2014《建筑施工机械与设备 钢筋调直切断机》；

7. GB 8076—2008《混凝土外加剂》；

8. GB/T 37655—2019《光伏与建筑一体化发电系统验收规范》；

9. GB/T 36963—2018《光伏建筑一体化系统防雷技术规范》；

10. GB/T 37052—2018《光伏建筑一体化（BIPV）组件电池额定工作温度测试方法》；

11. GB/T 37268—2018《建筑用光伏遮阳板》。

附录B 光伏术语

1. 组件（太阳电池组件）module（solar cell module）

系指具有封装及内部联结的、能单独提供直流电输出的、最小不可分割的太阳电池组合装置。

2. 光伏组件串 photovoltaic modules string

在光伏发电系统中，将若干个光伏组件串联后，形成具有一定直流电输出的电路单元。

3. 光伏发电单元 photovoltaic power unit

光伏发电站中，以一定数量的光伏组件串，通过直流汇流箱汇集，经逆变器逆变与隔离升压变压器升压成符合电网频率和电压要求的电源，又称单元发电模块。

4. 光伏方阵 photovoltaic array

将若干个光伏组件在机械和电气上按一定方式组装在一起并且由固定的支撑结构而构成的直流发电单元，又称光伏阵列。

5. 光伏发电系统 photovoltaic power generation system

利用太阳电池的光生伏特效应，将太阳辐射能直接转换成电能的发电系统。

6. 光伏发电站 photovoltaic power station

以光伏发电系统为主，包含各类建（构）筑物及检修、维护、生活等辅助设施在内的发电站。

7. 辐射式连接 radial connection

各个光伏发电单元分别用断路器与发电站母线连接。

8. "T" 接式连接 tapped connection

若干个光伏发电单元并联后通过一台断路器与光伏发电站母线连接。

9. 跟踪系统 tracking system

通过支架系统的旋转对太阳入射方向进行实时跟踪，从而使光伏方阵受光面接收尽量多的太阳辐照量，以增加发电量的系统。

10. 单轴跟踪系统 single-axis tracking system

绕一维轴旋转，使得光伏组件受光面在一维方向尽可能垂直于太阳光的入射角的跟踪系统。

11. 双轴跟踪系统 double-axis tracking system

绕二维轴旋转，使得光伏组件受光面始终垂直于太阳光的入射角的跟踪系统。

12. 集电线路 collector line

在分散逆变、集中并网的光伏发电系统中，将各个光伏组件串输出的电能，经汇流箱汇流至逆变器，并通过逆变器输出端汇集到发电母线的直流和交流输电线路。

13. 公共连接点 Point of Common Coupling，PCC

电网中一个以上用户的连接处。

14. 并网点 Point of Coupling，POC

对于有升压站的光伏发电站，指升压站高压侧母线或节点。对于无升压站的光伏发电站，指光伏发电站的输出汇总点。

15. 孤岛现象 islanding

在电网失压时，光伏发电站仍保持对失压电网中的某一部分线路继续供电的状态。

16. 计划性孤岛现象 intentional islanding

按预先设置的控制策略，有计划地出现的孤岛现象。

17. 非计划性孤岛现象 unintentional islanding

非计划、不受控出现的孤岛现象。

18. 防孤岛 Anti-islanding

防止非计划性孤岛现象的发生。

19. 峰值日照时数 peak sunshine hours

一段时间内的辐照度积分总量相当于辐照度为 1 kW/m^{2}的光源所持续照射的时间，其单位为小时（h）。

20. 低电压穿越 low voltage ride through

当电力系统故障或扰动引起光伏发电站并网点电压跌落时，在一定的电压跌落范围和时间间隔内，光伏发电站能够保证不脱网连续运行。

21. 光伏发电站年峰值日照时数 annual peak sunshine hours of PV station

将光伏方阵面上接收到的年太阳总辐照量，折算成辐照度 1 kW/m^{2}下的小时数。

22. 法向直接辐射辐照度 Direct Normal Irradiance，DNI

到达地表与太阳光线垂直的表面上的太阳辐射强度。

23. 装机容量 capacity of installation

光伏发电站中安装的光伏组件的标称功率之和，计量单位是峰瓦（Wp）。

24. 峰瓦 watts peak

光伏组件或光伏方阵在标准测试条件下，最大功率点的输出功率的单位。

25. 真太阳时 solar time

以太阳时角为标准的计时系统，真太阳时以日面中心在该地的上中天的时刻为零时。

附录 C　光伏组件 EL 缺陷示例

序号	缺陷内容	缺 陷 示 例
1	单晶光伏组件出现高位错密度的低效片（混片）	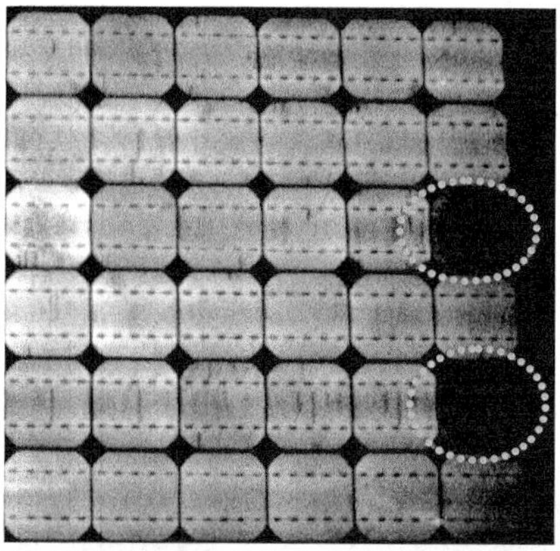
2	单晶光伏组件中混入多片低效片（混片）	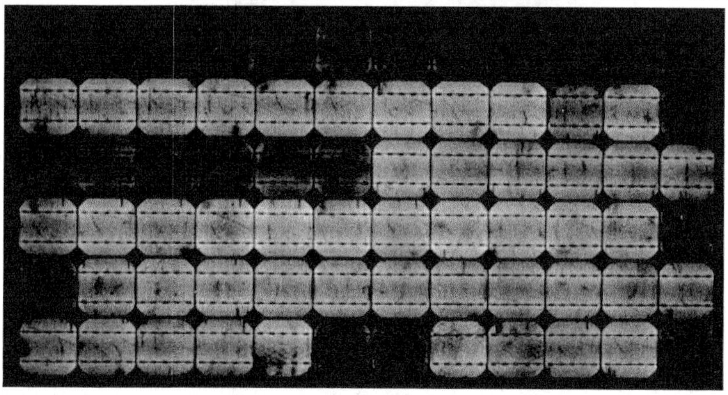
3	分布式断栅	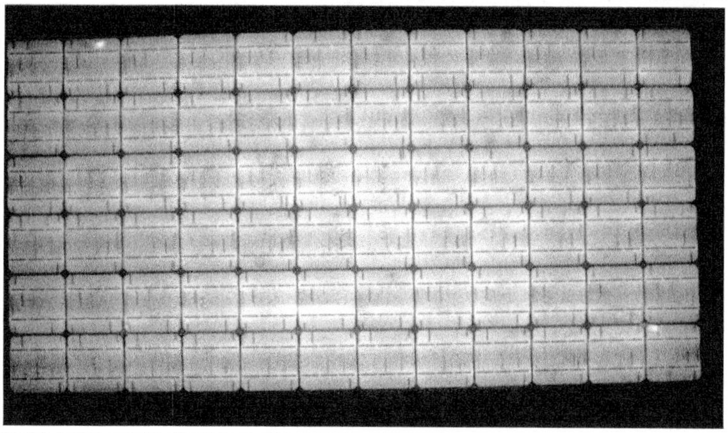

（续）

序号	缺陷内容	缺陷示例
4	单晶太阳电池隐裂	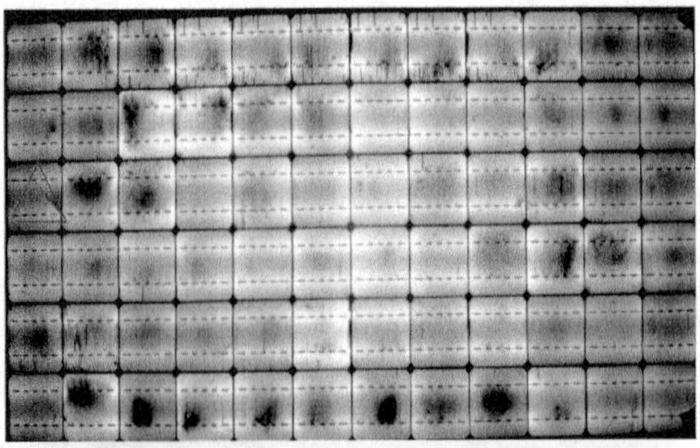
5	多晶组件中出现电池片短路	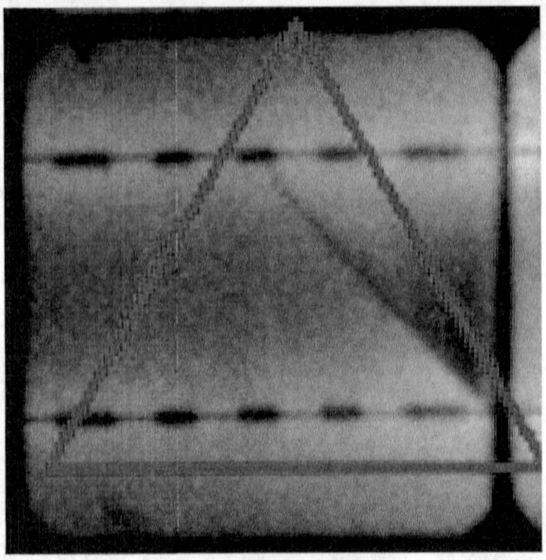
6	多晶组件中出现扩散面异常电池片	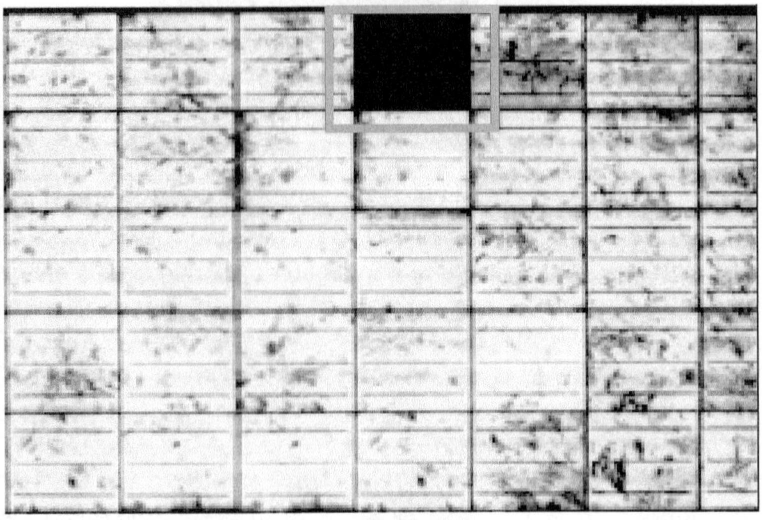

附录 D　工程启动验收鉴定书

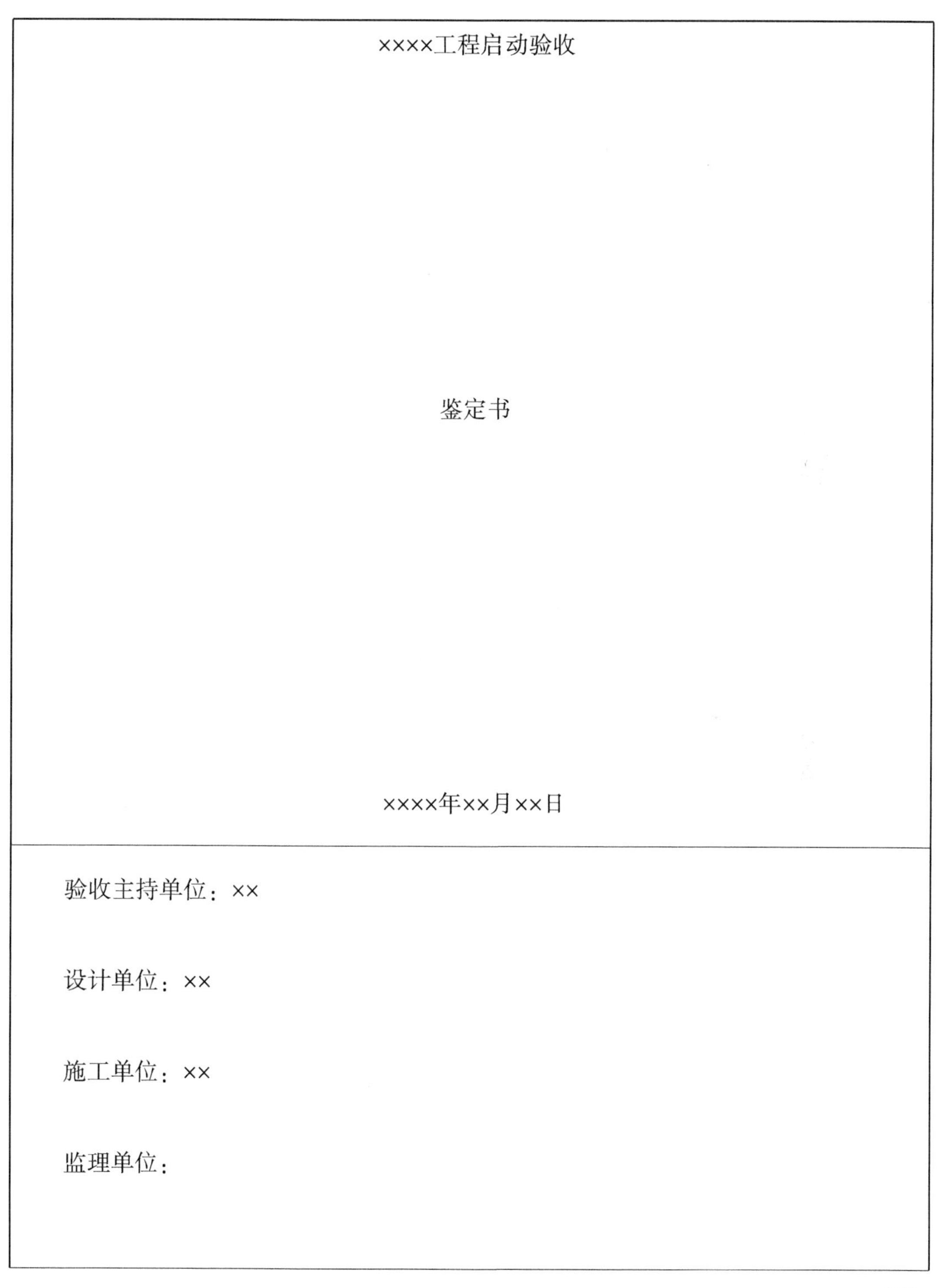

××××工程启动验收

鉴定书

××××年××月××日

验收主持单位：××

设计单位：××

施工单位：××

监理单位：

（续）

调试单位：××

电网企业：××

验收时间：××××年××月××日

前言（简述验收依据、验收组织结构和验收过程）

一、工程概况

（一）工程名称及任务

（二）工程主要建设任务

（三）工程建设过程情况

二、验收范围

三、光伏发电工程验收情况

四、工程质量评价

五、存在的问题及处理意见

见“××工程遗留问题处理清单”

六、意见和建议

七、验收结论

包括工程工期、质量、投资控制是否达到要求，工程档案资料是否符合要求。

八、验收委员会委员签字

见“××工程启动验收委员会委员签字表”

九、参建单位代表签字

见“××工程启动验收参建单位代表签字表”

××工程启动验收
主持单位（盖章）：

××工程启动验收委员会主任委员
主任委员（签字）：

××××年××月××日

××××年××月××日

××工程遗留问题处理清单

序号	内　　容	负责单位	限期完成日期
⋮	⋮	⋮	⋮

××工程启动验收委员会签字表

工程启动验收委员会	姓名	单位	职务/职称	签名
主任委员				
副主任委员				
副主任委员				
委员				
委员				
委员				
委员				
委员				
委员				
委员				

××工程启动验收参建单位代表签字表

单位类型	姓名	单位名称	职务/职称	签字
建设单位				
设计单位				
施工单位				
监理单位				
生产运行单位				
电网企业				

附录 E　工程竣工验收鉴定书

××工程竣工验收鉴定书

(合同编号)

鉴　定　书

××××年××月××日

验收主持单位:

设计单位:

建设单位:

监理单位:

（续）

<table>
<tr><td>施工单位：

主要设备制造单位：

电网调度单位：

质量和安全监督机构：

验收时间：××××年××月××日

验收地点：</td></tr>
<tr><td>前言（简述验收依据、验收组织结构和验收过程）
一、工程概况
（一）工程名称及任务
（二）工程主要建设内容
（三）工程建设有关单位
（四）工程建设过程情况
二、概算执行情况及投资效益预测
三、光伏发电工程单位工程验收、工程启动验收、工程试运行和移交生产验收情况
四、工程质量鉴定
五、存在的问题及处理意见
六、验收结论
七、验收委员会委员签字
见“××工程竣工验收委员会委员签字表”</td></tr>
</table>

（续）

八、参建单位代表签字

见“××工程竣工验收参建单位代表签字表”

××工程竣工验收 主持单位（盖章）：

××工程竣工验收委员会 负责人（签字）：

××××年××月××日

××××年××月××日

××工程竣工验收委员会委员签字表

工程竣工验收委员会	姓　　名	单　　位	职务/职称	签　　字
主任委员				
副主任委员				
副主任委员				
委员				
委员				
委员				
委员				
委员				
委员				
委员				
委员				
委员				

××工程竣工验收参建单位代表签字表

单　　位	姓　　名	单位名称	职务/职称	签　　字
建设单位				
设计单位				
施工单位				
监理单位				
电网调度单位				
工程质量监督中心站				

参考文献

[1] 刘鉴民．太阳能利用原理、技术、工程［M］. 北京：电子工业出版社，2010.

[2] 李钟实．太阳能光伏发电系统设计施工与应用［M］. 北京：人民邮电出版社，2012.

[3] 王长贵，王斯成．太阳能光伏发电实用技术［M］. 北京：化学工业出版社，2005.

[4] 中国航空工业规划设计研究院．工业与民用配电设计手册［M］. 北京：中国电力出版社，2005.

[5] 陈炜，艾欣，等．光伏并网发电系统对电网的影响综述［J］. 电力自动化设备，2013（2）：26-32.

[6] 冯炜，林海涛，等．配电网低压反孤岛装置设计原理及参数计算［J］. 电力系统自动化，2014（2）：85-90.

[7] 高晓雷．光伏发电并网及电量计量问题的探究［J］. 电气制造，2013（9）：28-29.

[8] 赵萌萌，胡琴洪，杨大勇，等．分布式光伏发电并网方案研究［J］. 电源技术，2016，40（4）：783-785.

[9] 陈万龙，周强，等．光伏电站接入混联电网的稳定性研究［J］. 自动化与仪器仪表，2019（5）：100-104.

[10] 崔容强，赵春江，吴达成．并网型太阳能光伏发电系统［M］. 北京：化学工业出版社，2007.

[11] 日本太阳光电协会．太阳能光伏发电系统的设计与施工［M］. 刘树明，宏伟，译．北京：科技出版社，2006.

[12] 马季，马颖，张丽娟，等．大型并网光伏电站的防雷［J］. 电世界，2014（5）：14-16.

[13] 陈祥．大型并网光伏电站的设计与探讨［J］. 电气应用，2013（12）：46-48.

[14] 闫泓锦，郭福雁．屋顶太阳能光伏组件方阵的计算机辅助设计研究［J］. 现代建筑电气，2014（1）：5-8.

[15] 杨静涛，贾晖杰，吕国东，等．并网光伏电站发电量影响因素分析［J］. 太阳能，2013（17）：40-42.

[16] European Photovoltaic Industry Association（EPIA）. Solarphotovoltaics electricity the world［R］. Brussels：EPIA，2011.

[17] 宋春艳，高补伟．复杂地形光伏电站工程的场地设计研究［J］. 中国电力教育，2013（27）：238-240.

[18] 冯耕，马宇云．复杂地形下的太阳能矩阵布置［J］. 武汉大学学报（工学版），2009（51）：78-81.

[19] 蒲文君．光伏电站远程监控系统的设计与实现［J］．城市建设理论研究，2016（12）：3467.

[20] 刘滨．光伏电站建设及运营管理分析［J］．硅谷，2014（1）：132.

[21] 赵伟伟．我国光伏电站项目管理模式的探析［J］．项目管理技术，2014（5）：105-108.

[22] 孟涛．对光伏电站工程建设项目管理的分析［J］．甘肃农业，2014（11）：93-94.

[23] 解晓娜．光伏电站项目建设管理水平提升策略分析［J］，工程技术，2016（6）：75-76.

[24] 苏仕忠．对建筑工程土建施工现场管理的探究［J］．广东建材，2013（3）：91-92.

[25] 买发军，白荣丽．光伏电站土建设计原则探讨［J］．城市建设理论研究，2015，14（16）：7115.

[26] 阳晓原，邓岚，王小军，等．湛江特呈岛光伏电站项目水土保持植物措施评价［J］．广东水利水电，2010，15（07）：29-31.

[27] 中国电力企业联合会．光伏发电站设计规范：GB 50797—2012［S］．北京：中国计划出版社，2012.

[28] 张喜军，朱凌，等．光伏防雷汇流箱增设防反二极管必要性探讨［J］．低压电器，2013（8）：36-38.

[29] 郭贵雄，彭宇．浅谈光伏系统配套之光伏防雷汇流箱［J］．阳光能源，2010（4）：60-61.

[30] 刘宁．并网型光伏电站逆变升压变压器型式的选择［J］．电力建设，2013（10）：117-118.

[31] 郑军，胡东升．光伏电站的防雷接地技术［J］．民营科技，2011（3）：51.

[32] 陈慧玲．浅谈独立光伏电站防雷与接地装置［J］．青海科技，2005（12）：17-18.

[33] 云彩霞，宋晓华，等．光伏并网发电系统的反孤岛效应方案［J］．网络与信息工程，2015（21）：90.

[34] 陈雷，石新春，等．太阳能光伏并网发电系统中孤岛效应的仿真研究［J］．灯与照明，2009（3）：59-62.